普通高等教育"十二五"规划教材

电子信息材料

常永勤 编

北 京

冶金工业出版社

2022

内 容 提 要

本书介绍了在电子和信息产业中应用较为广泛并具有广阔发展前景的某些电子信息材料，包括半导体材料、发光材料、激光材料、光纤材料、磁性材料、超导材料、太阳能电池材料、液晶显示材料、敏感材料、纳米材料等。

本书可作为高等学校材料学科相关专业的本科生教材或教学参考书，也可供电子、信息领域的生产开发以及科技管理等方面的人员参考。

图书在版编目（CIP）数据

电子信息材料/常永勤编.—北京：冶金工业出版社，2014.3
（2022.2 重印）

普通高等教育"十二五"规划教材

ISBN 978-7-5024-6515-5

Ⅰ.①电…　Ⅱ.①常…　Ⅲ.①电子材料—高等学校—教材
Ⅳ.①TN04

中国版本图书馆 CIP 数据核字（2014）第 037551 号

电子信息材料

出版发行	冶金工业出版社	**电　话**	（010）64027926
地　址	北京市东城区嵩祝院北巷 39 号	**邮　编**	100009
网　址	www.mip1953.com	**电子信箱**	service@mip1953.com

责任编辑 郭冬艳　**美术编辑** 吕欣童　**版式设计** 孙跃红
责任校对 郑　娟　**责任印制** 李玉山
北京富资园科技发展有限公司印刷
2014 年 3 月第 1 版，2022 年 2 月第 2 次印刷
880mm×1230mm　1/32；5.25 印张；153 千字；155 页
定价 19.00 元

**投稿电话　（010）64027932　投稿信箱　tougao@cnmip.com.cn
营销中心电话　（010）64044283
冶金工业出版社天猫旗舰店　yjgycbs.tmall.com**
（本书如有印装质量问题，本社营销中心负责退换）

前　言

　　电子信息材料是指在微电子、光电子技术和新型元器件基础产品领域中所用的材料，主要包括以单晶硅为代表的半导体微电子材料，以激光晶体为代表的光电子材料，以钕铁硼永磁材料为代表的磁性材料，以磁存储和光盘存储为主的数据存储材料，以锂离子嵌入材料为代表的绿色电池材料、光纤通信材料、压电晶体与薄膜材料、贮氢材料等。这些基础电子信息材料及产品支撑着现代通信、计算机、信息网络、微机械智能系统、工业自动化和家电等现代高技术产业。电子信息材料产业的发展规模和技术水平在国民经济中具有重要的战略地位，是科技创新和国际竞争最为激烈的材料领域。全球经济在电子信息产业的蓬勃发展中快速前进，主要得益于电子信息材料技术的提高及新材料的应用。当前的研究热点和技术前沿包括以柔性晶体管、光子晶体、SiC、GaN、ZnSe 等宽带半导体材料为代表的第三代半导体材料、有机显示材料以及各种纳米电子材料等。电子信息材料的总体发展趋势是向着大尺寸、高均匀性、高完整性、薄膜化、多功能化和集成化等方向发展。

　　本书主要介绍了一些在现代电子和信息领域中影响较大的材料，其中包括半导体材料、发光材料、激光材料、信息记录与存储材料、超导材料、光纤材料、太阳能电池材料以及处于科技发展前沿的纳米材料等，目的是使读者对各种电子信息材料的物理性能和应用有比较全面和系统的认识，为以后进一步学习和工作打下良好的基础。

　　在本书编写过程中，北京科技大学龙毅教授、北京理工大学杨盛谊教授给予了很好的建议，杨向峰老师对本书做了大量的校正工作。此外，本书参考和引用了大量的相关文献。在此向这些为本书编写提供帮助的老师以及相关文献的作者表示衷心感谢。

　　本书的出版得到了教育部本科教学工程——专业综合改革试点项目经费和北京科技大学教材建设基金的资助，在此一并表示诚挚的谢意。

　　由于编者水平所限，书中不足之处，恳请广大读者批评指正。

编　者

2013 年 10 月

目　　录

1 半导体材料

关键词：半导体，掺杂，光电，热敏，光电转换，本征半导体，掺杂半导体，PN 结

目前我们已经进入信息社会，这一点丝毫不用质疑。我们的生活、工作都随着科学技术的发展而发生巨大的变化，信息化程度快速提高已经成为时代的一个重要特征。在这种令人眼花缭乱、目不暇接的变化中，如果你想知道这些变化的技术基础是什么，那么请打开各种电子信息设备，你就会发现在其中起功能作用的主要是半导体芯片，而半导体芯片是由半导体材料做成的。有人说家庭中半导体芯片的多寡是衡量人们生活质量的重要标志，这不无道理。如今，半导体技术已经深入到人类生产和生活的各个领域。从小小的电子表到大型电子计算机，从电子秤到数控机床，从家庭电视到工业电视，形形色色的电子设备都离不开半导体器件。从这个意义上来讲，电子工业的现代化就是半导体化。在信息领域，半导体同样发挥着巨大的作用。光通信就是由电信号通过半导体激光器变为光信号，而后通过光导纤维做长距离传输，最后再由光信号变为电信号为人所接收。其中光纤所传输的光信号是由半导体激光器发出的，在接收端所用的光探测器也为半导体材料。在第二次世界大战前，半导体鲜为人知。20 世纪中叶，单晶硅和半导体晶体管的发明及其硅集成电路的研制成功引领了电子工业的革命。超晶格概念的提出及半导体超晶格、量子阱材料的研制成功，彻底改变了光电器件的设计思想，使得半导体器件的设计与制造从"杂质工程"发展到"能带工程"。半导体超薄层微结构材料是基于先进生长技术（MBE、MOCVD）的新一代人工构造材料，它以全新的概念改变着光电子和微电子器件的设计思想，出现了"电学和光学特性可剪裁"为特征的新范畴，是新一代固态量子器件的基础材料。GaAlAs/GaAs、GaInAs/GaAs、AlGaInP/GaAs、GaInAs/

InP 和 AlInAs/InP 等 GaAs、InP 基晶格匹配和应变补偿材料体系已经发展得相当成熟，已成功地用来制造超高速、超高频微电子器件和单片集成电路。几十年来，半导体异军突起，发展成为当代信息技术的顶梁柱，这个变化是非常值得注意的。本章将要讨论"什么是半导体材料"、"半导体材料为什么有那么大的神通"等方面的内容。

1.1 基 本 概 念

材料按照导电能力不同可分为导体、半导体和绝缘体。日常生活中接触到的金、银、铜、铝等金属都是良好的导体，它们的电导率在 10^5S/cm 量级，而塑料、云母、陶瓷等几乎不导电的物质称为绝缘体，它们能够可靠地隔绝电流，其电导率在 $10^{-22} \sim 10^{-14} \text{S/cm}$ 量级。导电能力介于导体和绝缘体之间的材料称为半导体，它们的电导率在 $10^{-9} \sim 10^2 \text{S/cm}$ 量级，常用的半导体有硅（Si）、锗（Ge）、硒（Se）、砷化镓（GaAs）以及金属的氧化物和硫化物等。目前用来制造半导体器件的材料大多是单晶半导体，主要有硅、锗和砷化镓等。集成电路及半导体材料以硅材料为主体，新的化合物半导体材料及新一代高温半导体材料也是重要组成部分。

由于半导体既不是很好的导电材料，也不是可靠的绝缘材料，所以在电工技术发展史上曾经长期受到冷遇，它的"才华"一直被埋没着。直到 1948 年制造出了第一只晶体管，半导体才初露锋芒，显示出了它强大的生命力，并展现出了广阔的发展前景。

1.2 特 性

半导体的性能不仅仅是电导率与导体、绝缘体有所不同，半导体还具有一系列独特的性能。今天的半导体器件（二极管、晶体管等）正是利用这些特性获得了举世瞩目的发展。半导体主要具有以下几个方面的特性。

（1）掺杂特性——"杂质"赋予半导体强大的生命力。

晶体管、场效应管、可控硅元件以及半导体集成电路已经成为现代电子设备的心脏。这些名目繁多的半导体器件是用硅或锗制成的，可是，纯净的硅或锗并不能直接用来制作有用的器件，因为纯净半导体材料的电阻率很高。人们发现，在硅或锗中掺入极微量的"杂质"元素（称掺杂）后，可以使它的导电能力发生十分显著的变化。正是这一点点"杂质"，使半导体获得了强大的生命力。例如：在一块纯硅中掺入百万分之一的杂质元素，就会使它的电阻降低一百万倍。在纯净的锗中掺入 10^{-8} 的杂质，其电导率会增加几百倍。半导体材料的电学性能对光、热、电、磁等外界因素的变化十分敏感，人们正是通过掺入某些特定的杂质元素，人为地、精确地控制半导体的导电能力。可以说，几乎所有的半导体器件都是用掺有特定杂质的半导体材料制成的。

（2）光电特性——自动化设备的眼睛。

很多半导体材料对光十分敏感，其导电能力会随光的强弱发生明显的变化。在没有光照时不易导电；当受到光照射时，就会变得容易导电，如在自动控制中经常用到的硫化镉半导体光敏电阻，在无光照时电阻高达几十兆欧，受到光照时电阻会减小到几十千欧，电阻变化了上千倍。硒化镉半导体在有光照和没有光照的条件下，电阻的变化可达一万倍。半导体受光照后电阻明显变小的现象称为光电特性、光敏性或光电导。利用光电导特性可以制成光敏电阻、光敏二极管和光敏晶体管。采用光敏电阻可以实现路灯、航标灯的开关自动控制，制成火灾报警装置，可以进行产品自动记数，制作机器上的保安装置，以确保工人的人身安全等。电子计算机的输入设备——光电输入机，就是利用光敏二极管把光信号变成电信号的，所以人们常常把光敏电阻称为自动化设备的眼睛。光敏电阻对不可见光，如紫外线、红外线也能进行探测。大家知道，发热的物体能够辐射红外线，用光敏电阻就能够探测远距离黑暗中或浓雾中的人员、车辆、船只等辐射红外线的物体。例如，近代飞机的喷气发动机所排出的热气就是一个红外光源，如果在导弹的头部装上一个光敏电阻探测器，用探测器输出的信号控制导弹的飞行，导弹就能跟踪追击，把敌机击毁。利用光电效应还可以制成光电晶体管、光电耦合器和光电池等。光电池已在空间技术中得到了广泛的应用，为人类利用太阳能提供了广阔的前景。

（3）热敏特性——最灵敏的温度计。

大家知道，金属的电阻跟温度有关系，温度升高，电阻就变大，但金属的导电能力对温度变化的反应是比较迟钝的。例如金属铜，温度每升高 1℃，它的电阻只增加 0.4%。半导体就不同，半导体的导电能力对温度变化的反应非常灵敏。温度升高，半导体的电阻迅速减小。例如纯锗，温度每升高 10℃，它的电阻就要减小 50%。温度的细微变化都能从半导体电阻的明显变化上反映出来。半导体电阻率随温度明显变化的特性称为半导体的热敏性。利用半导体对温度十分敏感的特性，制成了工业自动控制装置中常用的热敏电阻。利用热敏电阻可以测量出万分之一度的温度变化。把热敏电阻装置在机器的重要部位，就能集中测量和控制它们的温度。用热敏电阻做成的恒温调节器，可以把环境温度稳定在上下变化不超过 0.5℃的范围内。利用热敏电阻还可以测量流量和真空度。在农业上，热敏电阻能准确地测量出植物叶面和土壤的温度。它还能测量辐射，能方便地探测到几百米远人体发出的热辐射或 1km 外的热源。

（4）光电转换——把太阳光变成电能。

1954 年，美国科学家恰宾和皮尔松在美国贝尔实验室首次制成了实用的单晶硅太阳能电池，将太阳光能转换为电能的实用光伏发电技术由此诞生。后来将此技术应用到了人造卫星和宇宙飞船上，作为无线电通信装置的电源。目前，硅太阳能电池的成本较高，还不能广泛应用。

国外正在集中力量研制转换效率高、成本低的光电转换材料，并计划在 10 年内把太阳能电池的成本降低到目前的 1% 以下。最近，美国研制出了一种液体太阳能电池，是用半导体砷化镓和碳作电极，浸在化学溶液中，导电机理和普通蓄电池十分相似，效率为 9%。它性能稳定，成本比硅太阳能电池低得多，已经用来供给生活用电。太阳是个巨大的能源，所以，半导体太阳能电池具有广阔的发展前景。有人提出，可以把装载巨大容量的太阳能发电站的卫星，发送到距地球 35100km 的外层空间。因为在太空，太阳光不致被空气吸收，光电转换效率大大提高。然后，用微波把电能传送到地面上来。有人计算，用太阳能发电，可以解决人类用电量的 1/4。

1.3 半导体的导电特性

1.3.1 本征半导体

众所周知，物质是由原子构成的，按照原子排列的形式不同，物质可分为晶体和非晶体两大类，晶体的原子按照一定的晶格结构有规律地整齐排列，而非晶体的原子排列则显得杂乱无章，没有规律。晶体又分为多晶和单晶。所谓单晶是指整块晶体中的原子按一定规则整齐地排列着的晶体；多晶是指众多取向晶粒的单晶的集合体。常用的半导体材料是单晶硅和单晶锗。非常纯净的单晶半导体称为本征半导体。

半导体锗和硅都是四价元素，硅原子结构示意图如图 1-1 所示。它们的最外层都有 4 个电子，带 4 个单位负电荷。通常把原子核和内层电子看作一个整体，称为惯性核。惯性核带有 4 个单位正电荷，最外层有 4 个价电子，带有 4 个单位负电荷，因此，整个原子为

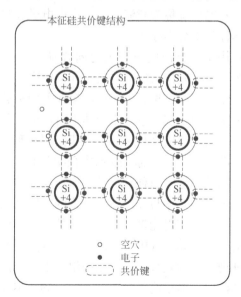

图 1-1 硅原子结构简化模型

电中性。

在本征半导体的晶体结构中，每一个原子与相邻的四个原子结合。每一个原子的价电子与另一个原子的一个价电子组成一个电子对。这对价电子是每两个相邻原子共有的，它们把相邻原子结合在一起，构成共价键的结构。半导体晶体中，每个原子都和周围的四个原子以共价键的形式互相紧密地联系起来，价电子全部参加了共价键结合，没有自由电子，这种晶体称为理想晶体。理想晶体只能在绝对零度（-273℃）才能获得。常温下，共价键上的电子都处于热运动状态，总会有一定数量的价电子获得足够的能量挣脱共价键的束缚，成为自由电子。值得注意的是，当某个共价键上"跑掉"一个电子后，就会留下一个电子的空位，称为"空穴"。空穴的出现，意味着它所在的原子失去了一个价电子，变成了正离子。因此，空穴就成为半导体中特殊的正电荷。有趣的是，某一个共价键上出现了空穴时，由于热运动，邻近共价键上的电子就可能跳过来填补这个空穴，使空穴转移到邻近的共价键上去，这种运动不断地进行着，相当于空穴也是可以自由自在地运动，它和自由电子一样，成为运载电荷的粒子，因此，人们把空穴和电子统称为载流子。由自由电子和空穴这两种载流子形成的半导体称为本征半导体。

在外电场作用下，自由电子产生定向移动，形成电子电流；另外，价电子也按一定方向依次填补空穴，即空穴产生了定向移动，形成所谓的空穴电流。由此可见，半导体中存在着两种载流子：带负电的自由电子和带正电的空穴。本征半导体中自由电子与空穴是同时成对产生的，因此，它们的浓度是相等的。我们用 n 和 p 分别表示电子和空穴的浓度，即 $n_i = p_i$（下标 i 表示本征半导体）。可见，在半导体中存在着自由电子和空穴两种载流子，而金属导体中只有自由电子一种载流子，这也是半导体与导体导电方式的不同之处。

价电子在热运动中获得能量摆脱共价键的束缚，产生电子-空穴对。同时自由电子在运动过程中失去能量，与空穴相遇，使电子-空穴对消失，这种现象称为复合。在一定的温度下，载流子的产生与复合过程是相对平衡的，即载流子的浓度是一定的。本征半导体中的载流子浓度除了与半导体材料本身的性质有关以外，还与温度有关，而且随着温度的升高，基本上按指数规律增加。所以半导体载流子的浓度对温度十分敏感。

半导体的导电性能与载流子的浓度有关。实际上，在常温下本征半导体中自由电子和空穴数量在常温下的浓度很低，所以它们的导电能力很差，这种半导体并不能用来制作有用的器件。

1.3.2 杂质半导体

本征半导体中虽然存在两种载流子，但因本征载流子的浓度很低，所以它们的导电能力很差。当我们人为地、有控制地掺入少量的特定杂质时，其导电性能将产生质的变化。掺入杂质的半导体称为杂质半导体。

1.3.2.1 N 型半导体

我们先看看在本征半导体硅（或锗）元素中掺入微量 5 价元素如磷、锑、砷等的情况。原来晶格中的某些硅（锗）原子被杂质原子代替，由于杂质原子的最外层有 5 个价电子，因此它与周围 4 个硅（锗）原子组成共价键时，还多余 1 个价电子。它不受共价键的束缚，而只受自身原子核的束缚，因此，它只要得到较少的能量就能成为自由电子，并留下带正电的杂质离子。由于杂质原子可以提供自由电子，故称为施主原子（杂质）。这种杂质半导体中电子浓度比同一温度下的本征半导体中的电子浓度大许多倍，这就大大加强了半导体的导电能力，我们把这种掺杂的半导体称为 N 型半导体，又称电子型半导体，见图 1-2（a）。在 N 型半导体中电子浓度远远大于空穴的浓度，即 $n_n \gg p_n$（下标 n 表示 N 型半导体），主要靠电子导电，所以称自由电子为多数载流子（多子），空穴为少数载流子（少子）。

1.3.2.2 P 型半导体

在本征半导体硅（或锗）中，掺入微量 3 价元素，如硼、镓、铟等，则原来晶格中的某些硅（锗）原子被杂质代替。杂质原子的三个价电子与周围的硅原子形成共价键时，出现一个空穴，在室温下这些空穴能吸引邻近的价电子来填充，使杂质原子变成带负电荷的离子。这种杂质因为能够吸收电子被称为受主原子（杂质），这种杂质半导体中空穴是多数载流子，而自由电子是少数载流子，被称为 P型半导体，又称空穴型半导体，见图 1 - 2 （ b ）。

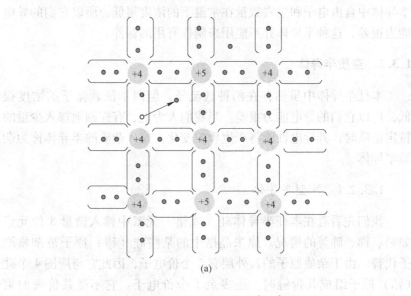

(a)

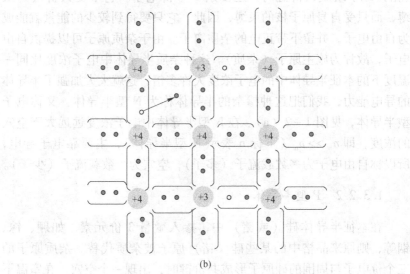

(b)

图 1 - 2　N 型半导体晶体（a）及 P 型半导体晶体（b）结构示意图

1.3.3 电流的逆止阀门——PN 结

1.3.3.1 PN 结的形成

如果在一块本征半导体中，通过掺杂的方法，使它的一部分形成 N 型半导体，另一部分形成 P 型半导体，则在这两种半导体的交界面两边存在着电子和空穴两种载流子的浓度差。不难想象，在 N 型半导体中占绝对优势的电子会越过"边界"，向只有极少数电子的 P 型半导体扩散。这种扩散是从靠近交界面的地方开始进行的，靠近交界面的部分，由于失去了电子，留下了相应数量的正电子，形成带正电的薄层。同样，在 P 型半导体中居多数的空穴，也会越过"边界"，向空穴极少的 N 型半导体扩散。靠近交界面的部分，由于失去空穴，留下了相应数量的负离子，形成带负电的薄层。带正、负电的薄层称为空间电荷区，构成了半导体内部的一个由 N 区指向 P 区的电场。这个电场在两种半导体之间筑起一道"壁垒"，阻挡 N 区的电子向 P 区扩散，P 区的空穴向 N 区扩散。换句话说，P 型半导体与 N 型半导体的交界面处形成一个阻挡扩散运动的"阻挡层"，我们称它为 PN 结（见图 1 - 3）。PN 结是晶体二极管的基本结构，是构成多种半导体器件的核心。PN 结之所以这样重要，是因为它具有单向导电的特殊性能。

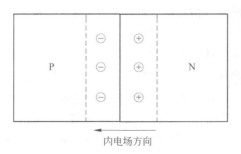

图 1 - 3　PN 结示意图

图 1 - 4 是 PN 结单向导电的实验。如图所示，在 PN 结两端加上电压。当外接电压与 PN 结正向连接时，即电源正极接 P 区，负极接

N 区时，PN 结呈现很小的正向电阻，通过 PN 结的正向电流很大。反之，外加电压与 PN 结反向连接时，PN 结呈现出很大的反向电阻，通过 PN 结的反向电流极小。这种单向导电特性，可以粗略地概括为正向导通，反向截止。

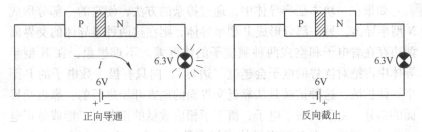

图 1-4　PN 结单向导电特性实验

1.3.3.2　晶体管的电流分配关系和放大原理

晶体二极管就是由一个 PN 结，加上两条电极引线和管壳制成的。我们了解了 PN 结的原理以后，对晶体管的工作原理就容易理解了。PN 结具有整流的作用，所以整流二极管就只有一个 PN 结。如果我们把两个 PN 结连在一起，就制成了晶体管，按其结构可以是 NPN 或 PNP 型。

下面我们以 PNP 型晶体管为例，简单地分析晶体管的工作过程，看看它是怎样放大电信号的。如图 1-5 所示，从 PNP 三个区域各引出一个电极，分别称为发射极（E）、基极（B）和集电极（C）。与发射极相接的半导体称为发射区，与基极相接的半导体称为基区，与集电极相接的半导体称为集电区。发射区与基区之间的 PN 结称为发射结，集电区与基区之间的 PN 结称为集电结。晶体管用作放大元件时，发射结要加正向电压（称为正向偏置），集电结要加反向电压（称为反向偏置）。由于发射结处于正向偏置，发射区有大量电子扩散到基区，形成发射极电流。当然，基区的空穴也会扩散到发射区去，但是在制作工艺中，总是使发射区的电子浓度比基区的空穴浓度大得多，所以，穿越阻挡层的电流主要是由发射区的电子扩散形成的。基区做得极薄，空穴浓度又很小，所以当大量电子注入基区后，只有少量的电子与基区的空穴相遇而"复合"，形成基极电流，绝大部分电子通过基区被"输送"到集电结边缘，如图1-5所示。从图中可以看出，E与B之间是PN结的正向偏置，按上面所述的PN结工作原理，如果没有B-C部分，电流本来可以顺利通过。而B-C部分处于PN结的反向偏置，如果没有E-B部分，本无电流通过。我们让收集极与基极之间的电压也就是B-C间的电压远大于E-B之间的电压。尽管如此，只要电压未超过击穿电压，那么在没有E-B电源的作用下，B-C间几乎没有电流通过。现在我们来看看PNP型晶体管在这两个电源的作用下会产生什么样的结果。从电极E进入的空穴顺利通过第一个PN结进入N区，在N型区同时还工作着另外一个电源，这个电源使得第二个PN结的自建电场与B-C所施加的电场相叠加，使N型区的电子不能越过第二个PN结，但空穴可以自由通过，所以在B-C间产生了电流。只要晶体管做得好，材料的质量也好，那么，由E极进入的空穴载流子几乎全部通过第二个PN结到达C电极。因为B-C间电压大于E-B间电压，由于功率等于电流与电压的乘积，所以功率在B-C间得到了放大。也就意味着晶体管可以把输入的信号进行放大，从这个意义上讲，它可以取代电真空三极管，虽然从作用的机理上看，两者有很大的不同，但是同样可以取得放大的效果。利用晶体管可以放大信号，产生电振荡，用作无触点开关，代替可变电阻等等。可以说，晶体管是电子设备的心脏。

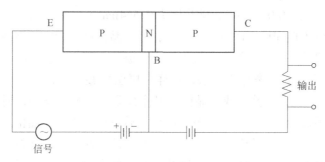

图1-5　PNP型晶体管的结构与工作示意图

E—发射极；B—基极；C—收集极

1.4　异质结与超晶格

　　上面说的是一种半导体材料掺入不同类型杂质形成了 PN 结。如果把两种不同的半导体材料紧密地结合在一起，即便是两种材料是同一种导电类型的，由于两种材料的能带结构和禁带宽度不同，电子向两方流向的难易程度并不相同，高能量的电子容易流向低能量的位置，这样也会形成类似于 PN 结的自建电场，也可以起到类似 PN 结的作用。用一个异质结和一个 PN 结已制出异质结双极型晶体管，并在微波领域内得到了应用。同时利用异质结的电学性质和光学性质，制出了双异质结激光二极管，可在室温下进行连续的激光发射。

　　如果我们把异质结的厚度缩小，就会发生从量变到质变的过程，形成量子阱与超晶格。早在 1969 年，日本科学家江崎玲于奈和美籍华裔科学家朱兆祥提出了超晶格（superlattice）的概念。为了弄清什么是超晶格，我们先回忆一下什么是晶格。固体的原子或离子按一定顺序排列而形成晶体，如果我们把原子设想成点，把每个邻近的点设想用线连起来，就形成了晶格。晶格的尺寸是用晶格常数来表征的。为了简化，我们用立方晶系为例来描述，那么它的晶格常数为最小立方体的一个边长。半导体的晶格常数一般都小于 1nm，如硅为0.664nm，锗为 0.568nm，砷化镓为 0.564nm 等。实际上，每个原子都是由原子核和周围的电子组成的，因此晶格可以看成是周期变化的势场。超晶格是在晶格的基础上，再形成一个距离比较大的周期。例如用 10 个原子距离作为一层，这样一层层地叠起来，只要这个距离在 10nm 以内，就能形成超晶格。用什么形成这种势场呢，要靠异质结或者用掺杂，前者称为组分超晶格，后者称为掺杂超晶格。在组分超晶格中，有些组分形成的异质结，其彼此的晶格常数非常接近，最典型的是 GaAs – GaAlAs 的异质结。有些则晶格常数相差百分之几，生长的超晶格使各层发生应变，这种应变使材料的能带发生变化，这种超晶格称为应变超晶格。

1.5 半导体材料的种类

常用的半导体材料分为元素半导体和化合物半导体。元素半导体是由单一元素制成的半导体材料，主要有硅、锗、硒、硼、碲、碳、碘、磷、硫等，其中以硅、锗的应用最广。20 世纪 50 年代锗在半导体中占主导地位，但是锗半导体器件的耐高温和抗辐射性能较差，到 60 年代后期逐渐被硅材料所取代。用硅制造的半导体耐高温和抗辐射性能较好，特别适合用于制备大功率器件。现在电子元器件 90% 以上都是由硅材料制备的。化合物半导体是由两种或两种以上元素确定的原子配比形成的化合物，分为二元系、三元系、多元系和有机化合物半导体。二元系化合物半导体有Ⅲ－Ⅴ族（如砷化镓、磷化镓、磷化铟等）、Ⅱ－Ⅵ族（如硫化镉、硒化镉、碲化锌、硫化锌等）、Ⅳ－Ⅵ族（如硫化铅、硒化铅等）、Ⅳ－Ⅳ族（如碳化硅）化合物。另外，还有金属氧化物（如氧化锌、氧化锡、氧化钛等）、三元系和多元系化合物半导体，主要为三元和多元固溶体，如镓铝砷固溶体、镓锗砷磷固溶体等。有机化合物半导体有萘、蒽、聚丙烯腈等，还处于研究阶段。此外，还有非晶态和液态半导体材料，这类半导体与晶态半导体的最大区别是不具有严格周期性排列的晶体结构。

1.5.1 半导体的元勋——锗

1869 年在德国 Frieberg 附近发现了一种新矿石，被送到 Frieberg 大学的温克勒教授那里做分析，教授采用化学分析的方法和一系列的实验发现矿石中含有新的元素，为了纪念他祖国，命名为 Germanium（来源于 German，德国）。锗半导体的应用开始得比较晚，当时在较长一段时间中并没有找到实际的用途，直到 1915 年才首次发现锗的整流作用。

在晶体管的研究发明中，开始时使用的是氧化亚铜，但是未得出好的结果。采用锗制作高耐压二极管时，结果很好，并很快就成功制备出锗三极管，命名为 Transistor。晶体管的发明不但实现了人们对固体电子器件的期望，而且使锗的名声大振，使得多年来默默无闻的锗元素引起了全世界的关注。

在晶体管发明以后的一段时间里，几乎所有的晶体管都是用半导体锗制作的，于是锗走红了十几年，需求量随之大增。在1946年（晶体管发明的前一年）锗的世界产量为100g左右，1956年达到了30t，1958年就达到了100t。但是到了20世纪60年代中期，一方面由于硅材料的质量已基本达到要求，而且已批量生产；另一方面晶体管的工艺取得突破，所以硅晶体管的产量超过了锗晶体管，另外，随着集成电路的发展，很快使锗在晶体管领域所占的比例变得微不足道了。

但是就在这段时间里，红外技术使锗进入了新的领域。第二次世界大战以后，在军事技术中，红外技术占有重要的地位。到了20世纪60年代中期，激光器的发明使红外技术进入一个新阶段。以砷化镓为基的激光器可用在瞄准和测距等，在这些红外装置中都要使用红外光的透镜与窗口。锗晶体（包括单晶或多晶）对1.68~20μm范围的红外光有良好的透过率，于是红外透镜成了锗的重要应用，这方面的应用推动着锗单晶制备技术的发展。在和平时期，武器的生产与消耗都不大，所以锗在此领域的用量趋于平稳。锗的另一个应用虽然用量不大，但在军事和技术方面都是十分重要的，那就是用作射线探测器。在民用方面，射线探测器用于能谱分析。20世纪90年代发展起来的两项技术又使锗的声名大振。一项技术是锗硅合金器件在微波通信中的应用。在硅抛光片的衬底上外延一层硅锗合金，形成SiGe/Si结构。这种结构属于异质结，因为硅与锗形成固溶体，它的禁带宽度比硅的小，它与硅之间就形成了异质结。用这种材料制成的异质结晶体管具有优良的频率性能。随着移动通信技术高速发展，所使用的频率也在不断提高。当频率超过900MHz以上时，使用硅晶体管就遇到了耗电高、噪声大的问题，于是在一段时间里使用砷化镓微波电路。但是，砷化镓的材料与器件的价格远高于硅，现在开始用SiGe/Si的异质结晶体管来取代。这种器件的微波特性比砷化镓器件并不逊色，但价格便宜，而且和移动通信中所用的其他电路的衬底一样，更便于小型化，因此，这种结构的外延片的需求量在不断地扩大。另一项技术则是太空中太阳能电池的应用。人造天体上的能源主要靠太阳能电池。在开始的二三十年里，使用的是硅的太阳能电池，随着砷化镓电池的发展，这种电池显示出明显的优越性。但是砷化镓单晶的力学性能差，所以电池衬底需要 300μm 的厚度，这样的衬底成本高、质量大，会增加人造卫星的发射费用，这个问题在使用锗单晶做衬底后得到了较好的解决。锗与砷化镓同属立方晶系，晶格常量相差不多，而且线膨胀系数也比较接近。而锗的力学强度又高出砷化镓一倍左右，比砷化镓更容易制出单晶。试验证明，在锗衬底上外延砷化镓所制作的太阳能电池与在砷化镓单晶衬底上外延砷化镓所制作的太阳能电池的转换效率差不多，但是锗衬底的厚度只有 180~200μm，在质量和价格上后者赢得了很大的优势，所以锗衬底上外延砷化镓太阳能电池成为太空用太阳能电池的主流。

1.5.2 半导体中的巨人——硅

锗是最早用于半导体器件的材料之一，事实上 Bardeen、Brattain 和 Shockley 在 1947 年制备的第一个晶体管就是使用的这种材料。不过到了 20 世纪 60 年代初期，硅凭借其独特的优势迅速替代了锗，成为半导体器件制备的主流材料，主要因素有：（1）硅容易氧化形成高质量的 SiO_2 绝缘层，在 IC 制造所需的选择扩散工艺步骤中它是很好的阻挡层。（2）硅的禁带宽度比锗大，可以在更高的温度工作。（3）硅作为普通沙子的主要成分，在自然界储量非常丰富，而且价格便宜。因此，它除了具有加工优势以外还是一种低成本的原材料。

1.5.2.1 石头里蹦出的精灵

神通广大的孙悟空是家喻户晓的，《西游记》中说他是从石头中生出的。《红楼梦》中的主人公的来历也是一块石头。当然，这些都是小说的虚构，但是在当今现实生活中，构成石头的主体元素之一——硅却在改变着人类的生产、贸易、战争、娱乐等，改变着人类的社会生活面貌。

1.5.2.2 第二代半导体

在第二次世界大战后研究发明晶体管的过程中，人们开始使用当时大量生产晶体整流器的氧化亚铜，但没有获得成功，于是就想到雷达所用的二极管材料硅与锗。经过大量的工作，晶体管终于在锗的材料上做出来了，随后也用硅做出了晶体管，但拉出的硅晶却比锗晚了两年左右。这是由于开始用直拉法制备硅单晶时石墨坩埚与硅发生反应，$Si + C = SiC$。后来改用石英坩埚，改善了单晶炉的密闭性和保护气体才拉出较好的硅单晶，同时在 1953 年成功提拉了第一颗区融法硅单晶。

一方面由于硅的半导体性质及化学性质比锗的优越，即禁带宽度比锗大，而且硅的熔点高，化学性质稳定，另一方面用锗研制与生产晶体管的经验证明材料要有很高的纯度，所以开展了硅提纯的许多研究方法，1956 年西门子法获得成功，开始了批量生产。

在有了硅的提纯与拉单晶的工艺以后，硅首先用来制作电力电子器件——整流器及晶闸管。硅的二极管整流器具有一系列的优点，所以很快在整流器领域占领了压倒的优势。这些优点主要是硅的禁带宽度比较大，可以耐高压，现在硅整流器的反向电压可达 8000V 以上，锗、硒、氧化铜的反向击穿电压远低于此。由于硅的导热系数远高于上述半导体，所以通过的电流也大，因而能处理的功率高。硅器件的工作温度较高，可达 150 ~ 200℃，而锗只能到 75 ~ 90℃。由于采用了中子嬗变掺杂，使材料与器件的一致性远优于其他种材料的整流器。制成的晶闸管（俗称可控硅）可以根据信号调节电压，起到了变压＋整流的作用，而且便于和自动控制回路衔接。晶闸管的另一个功能是可以把直流电变成交流电，这对输配电和变频都十分重要。以硅为基础，发展出几大类电力电子器件如绝缘栅双极晶体管、可关断栅极晶闸管、静电感应晶体管、功率 MOS 晶体管等，大量用于整流、变频自动控制等。目前在整个电力电子器件中，几乎是清一色的硅器件。

1960 年硅的平面工艺开发成功使硅器件及工艺的发展进入了新纪元。这种工艺利用了硅能在其表面生长致密的氧化物薄膜这一性质。这一性质对硅器件的发展起到了关键性的作用。硅与其表面形成的氧化膜具有如下的特点：（1）这层氧化膜致密，力学强度大，化学稳定性好；（2）氧化膜与母体硅附着力很强；（3）制作器件所用的掺杂剂在氧化硅中的扩散速度远比在硅中慢，所以硅的氧化物膜在扩散中能起阻挡层的作用；（4）氧化硅与硅之间有不同的耐蚀性，氧化硅与硅都不溶于普通酸，但氧化硅溶于氢氟酸，而硅却不溶解。与之相比，锗和镓都不具备上述的优点，它们一经氧化，形成的氧化物很容易从母体上脱落。

人们利用氧化硅与硅的这一特点开创了崭新的器件工艺——平面工艺，图 1-6 显示出了利用平面工艺制作晶体管的过程。初始原料为 N 型硅外延片（制作平面晶体管多使用外延片），衬底为重掺单晶，上面是轻度掺杂外延层。首先对外延层进行氧化，氧化工艺比较简单，将硅片放入石英管内，向管内通入氧气或水蒸气，在 900~1200℃下，就可以形成一层 SiO_2 层，厚度一般小于 $1\mu m$。然后再利用光刻的方法刻槽，采用硼进行扩散，即将掺杂剂在高温下（一般在 1000℃以上）进行扩散，由于 SiO_2 的阻挡作用，硼杂质只在窗口区扩散到外延层中，就在这个区内形成了 PN 结，然后进行氧化，在形成的 P 型层上形成一个氧化层，再在这个 P 型区刻一个更小的槽，通过扩散磷，在 P 型区形成一个 N 型层，这样平面型的 NPN 晶体管就制成了。

之所以称为平面型晶体管是因为晶体管的两个 PN 结均埋在晶片内，3 个电极的顶端均落在一个平面上，这个工艺的出现显示了明显的优越性和巨大的潜力。首先这是一种大批量生产的工艺，可以同时进行若干硅圆片的氧化刻蚀和扩散，可以把摄影技术用于此，形成光刻技术，从而保证刻槽及相应器件尺寸的精确性和一致性。再加上PN 结已封闭在晶片内部，而露头处亦可通过氧化进行封闭，这就大幅度地提高了器件的可靠性。最重要的是，晶体管 3 个电极均居于晶片的平面上，便于电路布线。集成电路一经发明，马上就采用了平面工艺，而集成电路的发展又使平面工艺获得巨大的技术进步。

由于硅器件工艺获得了上述的突破及硅晶体管性能的优越性，到了 20 世纪 60 年代中期，硅晶体管的产量就超过了锗晶体管，直至现在，锗晶体管只占市场的很小份额，绝大部分市场为硅晶体管所占领。20 世纪 50 年代末期，集成电路的诞生把硅材料带入到新的发展阶段，集成电路的发展推动了硅材料技术的进步，而硅材料技术所获

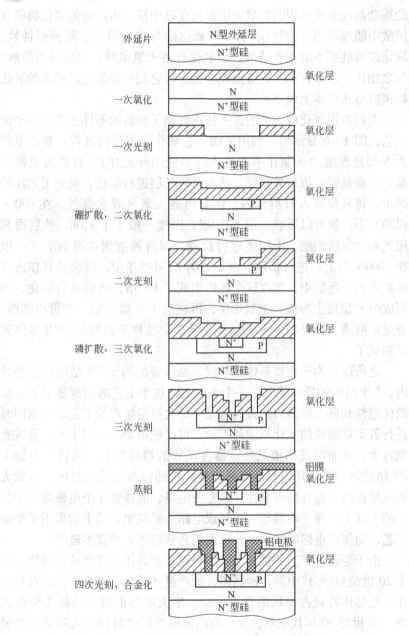

图 1-6　平面工艺制作晶体管工艺示意图

得的成果又为集成电路的发展提供了新的空间，这种相互促进的发展为高新技术的发展提供了一个良好的范例。

1.5.2.3 单晶尺寸的冠军

从工业生产的角度来看，单晶直径愈大，器件的成本愈低，生产的工序愈多，这种效应也就愈显著。长期以来，硅单晶在其直径方面遥遥领先于其他半导体材料。是什么因素制约着单晶直径的增大？主要有三个方面的因素：材料的物性、工艺与设备的开发、应用规模的大小。现在所有的大直径单晶都是用熔体生长法拉制的，所以拉出来的晶体都经历了从熔点开始的逐步降温过程。大家知道，任何的固体都有热胀冷缩的过程，于是在晶体中就产生了应力，这种应力的大小取决于材料的导热系数、线膨胀系数和单晶的直径。硅与几个重要的半导体材料相比，硅均占优势，它的导热系数最高，线膨胀系数最低，另外它的抗剪切强度最高，因此在大直径单晶生长时，仍能保持单晶无位错。但像砷化镓等材料，在大直径单晶中的位错密度都很高。

要想拉出大直径单晶还需要相应的工艺与设备。单晶直径的增大，设备按比例地放大，首先遇到的问题是，直径增大了，坩埚的装料量增大了。在直拉法开始阶段，坩埚的装料量仅为几百克，直径100mm 时，装料量为 30kg；150mm 时为 60kg，200mm 时为 100 ~ 150kg，到 300mm 时为 250 ~ 300kg。当拉制直径 200mm 单晶时，所用的坩埚直径为 600mm。这样大的坩埚，这样多的熔体，热对流变得很强烈。这从我们生活的经验中也可以体会到，如果锅里水不多，水开了，水翻动得不剧烈，如果大锅装水深，可以看到水的翻动很明显。要解决热对流问题，就需要调整坩埚的转速与晶体的转速等工艺条件。直径 150mm 以上，为了获得优质的单晶，就需要加磁场来抑制热对流。另外，直径大了，如何保护气体的合理流动，也要在炉子中进行考虑，直径大了对自动化及计算机控制要求也更高。直径150mm 时拉出的单晶重 40kg 以上，已经不能用手拿了，需要机械的搬运装置，等等。

上面说的，直径愈大，器件的成本会下降，这里有一个前提条件,就是市场对器件的需求量要足够大时,方能显示出大直径的优越性。例如,直径300mm硅片的面积是直径200mm硅片的2.2倍,而一个器件生产线必须保持一定的投片量(一般每月投片为2万片)才能有效益,所以,如果市场不够大,就难以向大直径过渡。

1.5.2.4　当之无愧的第一把交椅

在半导体材料中,硅的地位十分显赫,我们可以从下列事实中看出:(1)产量第一。硅单晶的年产量已超过8000t,而其他材料的年产量均不超过100t。(2)直径最大。目前直径400mm的硅单晶已拉制出来,直径300mm的硅片已经使用,而砷化镓单晶的最大直径为150mm。(3)晶体完整性最好。在成锭的半导体材料方面,硅单晶的晶体完整性最好,它不但没有位错,对点缺陷所形成的微缺陷也能进行较好的控制。(4)力学强度最佳。由于硅片能够实现大直径,且力学强度高,在器件制作过程中不易产生二次缺陷,所以在半导体中,硅为首选的衬底材料。

1.5.3　第三代半导体的选择——砷化镓

晶体管发明后,人们对半导体材料及器件的物理性能做了大量的研究工作,从而增大了人们对材料的预见性。在20世纪50年代对硅的作用的预见,在材料与器件的发展中,步步得到了证实,作为第二代半导体的硅所显示的功能简直令人瞠目。很自然地会出现一个问题:"有没有胜过硅的第三代半导体?"。当时选择的主要标准参数是材料的禁带宽度和电子迁移率。禁带宽度大,则器件耐压高、工作温度高、器件的功率大;而电子迁移率高,则器件可在更高的频率下工作。在元素半导体中,能在这两方面占有优势的只有金刚石,但它的工艺难度太大,于是人们就转向化合物半导体,注意力逐渐集中到砷化镓(GaAs)上。看看锗、硅、砷化镓的禁带宽度(单位为eV)依次为0.66、1.12、1.42,而电子迁移率(单位为$cm^2/(V \cdot s)$)三者分别为3900、1500、8500。砷化镓兼有其他二者的优点,而且优于它们。另外砷化镓的晶体结构与锗、硅类似,都属于立方晶系的面心立方,熔点为1238℃,熔点下的分解压接近一个大气压,因此估计材料工艺的难度不会太大。于是在世界范围内把砷化镓当成第三代半导体，展开了大量的工艺与基础研究工作。

砷化镓晶体是继锗和硅之后发展起来的新一代半导体材料，具有迁移率高、禁带宽度大的优势。它是目前最重要、最成熟的化合物半导体材料，主要用于光电子和微电子技术领域。在不断提高社会信息化的过程中，通信技术得到了很大发展，20世纪90年代以来这些发展的速度之快是人们始料不及的，移动电话的年增长率成倍地增加。与之相应的卫星通信、光纤通信都得到了飞速的发展。据统计，现在生产的砷化镓集成电路与电子器件总量的2/3用在通信技术上，这是最大的用户。为了满足移动通信增加用户和扩大功能的需要，必须提高使用的频率。砷化镓器件与硅相比具有使用电压低、功率效率高、噪声低等优点，随着频率的增高，彼此的差距就拉得愈大。不难理解，这些性能直接关系到手机的耗电量及声音的清晰度。所使用的砷化镓微波器件有场效应晶体管、异质结双极型晶体管、高电子迁移率晶体管及由这些器件组成的集成电路。卫星通信使用大量的砷化镓的微波器件。在光纤通信中，由于采用新的系统，使每套通信线路所用的激光器成倍地增加。

汽车自动化是一个必然发展的趋势。首先获得应用的是全球定位系统在汽车中的应用，它可为驾驶员提供汽车方位、合理的行车路线等信息，也为汽车的无人驾驶提供了前提条件，这套系统主要靠砷化镓的微波器件所支持。另外，已接近商品化的汽车防碰撞装置主要是一部由砷化镓的微波器件所构成的小型雷达。

在开发宇宙空间方面，砷化镓的外延材料所制成的太阳能电池正在取代硅太阳能电池，成为人造天体所需的主要能源。在最近发射及计划发射的人造卫星、宇宙飞船中大多采用砷化镓的太阳能电池，经计算与实验证明，在空间使用砷化镓太阳能电池在经济上亦优于硅太阳能电池。

砷化镓早已悄悄地进入了我们的家庭生活，许多人尚未发觉。现在我们看电视、听音响、开空调都使用遥控器，在遥控器中都装有砷化镓的红外发光管，所有的指令都是通过这种发光管传给主机的。我们所用的光盘、VCD、DVD都是用激光二极管读出的，这类激光二极管或者是用砷化镓材料制作，或者是用砷化镓作衬底外延上其他化合物半导体制成的，另外许多家电上的各色指示灯也大多是用砷化镓材料制成的。

砷化镓在军事上的应用，早在 20 世纪 60 年代初已引人注目，在海湾战争和科索沃战争中更是大显身手。在相控阵雷达、电子对抗、激光瞄准、夜视、通信等方面，砷化镓都起着关键的作用。新一代的砷化镓器件以及量子微结构器件已得到了应用。许多国家为研究供军事用的砷化镓材料与器件提供大量的经费。

砷化镓半导体发展到今天，是仅次于硅的最重要的半导体材料，这一切都源于砷化镓材料的本性。它的禁带宽度比硅的大，因此它的工作温度比硅的高。它的禁带为直接禁带，故可用于制作发光与激光器件。它的电子迁移率是硅的 6 倍，适合作高频器件。它能制出半绝缘材料，使集成电路工艺与结构容易实现。它的力学与热学性能虽不如硅，却优于其他化合物半导体，使之能拉出大直径单晶，既满足了砷化镓器件的需要，又可成为其他化合物半导体的外延衬底材料。

1.6 制 备

不同的半导体器件对半导体材料有不同的形态要求，包括单晶的切片、磨片、抛光片、薄膜等。半导体材料的不同形态要求对应不同的加工工艺。常用的半导体材料制备工艺有提纯、单晶的制备和薄膜外延生长。

所有的半导体材料都需要对原料进行提纯，要求的纯度在 6 个"9"（99.9999%）以上，最高达 11 个"9"以上。提纯的方法分两大类，一类是不改变材料的化学组成进行提纯，称为物理提纯；另一类是把元素先变成化合物进行提纯，再将提纯后的化合物还原成元素，称为化学提纯。物理提纯的方法有真空蒸发、区域精制、拉晶提纯等，使用最多的是区域精制。化学提纯的主要方法有电解、络合、萃取、精馏等，使用最多的是精馏。由于每一种方法都有一定的局限性，因此常使用几种提纯方法相结合的工艺流程以获得合格的材料。

绝大多数半导体器件是在单晶片或以单晶片为衬底的外延片上做

出的。成批量的半导体单晶都是用熔体生长法制成的。直拉法应用最广，80％的硅单晶、大部分锗单晶和锑化铟单晶是用此法生产的。其中在熔体中通入磁场的直拉法称为磁控拉晶法，用此法已生产出高均匀性硅单晶。在坩埚熔体表面加入液体覆盖剂称液封直拉法，用此法拉制砷化镓、磷化镓、磷化铟等分解压较大的单晶。悬浮区熔法的熔体不与容器接触，用此法生长高纯硅单晶。水平区熔法用以生产锗单晶。水平定向结晶法主要用于制备砷化镓单晶，而垂直定向结晶法用于制备碲化镉、砷化镓。用各种方法生产的体单晶再经过晶体定向、滚磨、做参考面、切片、磨片、倒角、抛光、腐蚀、清洗、检测、封装等全部或部分工序以提供相应的晶片。

在单晶衬底上生长单晶薄膜称为外延。外延的方法有气相、液相、固相、分子束外延等。工业生产使用的主要是化学气相外延，其次是液相外延。金属有机化合物气相外延和分子束外延则用于制备量子阱及超晶格等微结构。非晶、微晶、多晶薄膜多在玻璃、陶瓷、金属等衬底上用不同类型的化学气相沉积、磁控溅射等方法制成。

1.7 应 用

半导体材料最初的应用是无线电通信，如架起沟通桥梁的电话、传播文明的广播电视、在军事上被誉为千里眼的雷达等。目前以半导体材料为基础制作的各种器件已经在人们生活中几乎无所不及，不断地改变着人们的生活方式、思维方式，提高了人们的生活质量，促进了人类社会的文明进步，这些由半导体材料制备成的电子设备一下子把人类推进了高速发展的信息社会。到目前短短几十年间由半导体引导的信息潮流迅速席卷了全世界。下面列举了半导体材料在诸多领域的应用，如应用于笔记本电脑、工作站、服务器中的各种半导体，包括处理器、存储器、图形芯片等。随着半导体性能的不断提高，使得存储密度迅速上升，应用范围也由低端的个人数字处理器、优盘等快闪存储器到硬盘驱动、DVD 存贮装置的读取头等。在网络应用领域，目前流行的有光纤传输设备，网络中的重要连接工具交换机和路由器、数字电视中的机顶盒等。在医疗设备领域，核磁共振系统等检查设备以及嵌入式处理器的起搏器、回复重度听力障碍的耳蜗植入器等。在汽车工业领域，主要用于传动系统、发动机控制单元、气囊和座位传感器、空调音响等。目前在一些汽车上已经安装了自动导航驾驶系统等。军事、航天、雷达、导弹、固体激光器等一系列高尖端武器装备均有半导体材料，代表高新科技的军事科技也往往是新兴半导体材料的试验场和发源地。在能源产业方面，目前用的单晶硅制备的高效率太阳能电池已经广泛应用到发电、热水器等多个方面。各种电子器件，如探测器、传感器中也有半导体材料的身影。

1.8 半导体技术方兴未艾

二十多年来，半导体技术的发展非常迅速。半导体的产品已经广泛地应用于卫星、导弹、雷达、电子计算机、通信、电视等系统的电子整机以及各种自动化电子仪表中，像细胞一样渗透到现代科学和工业技术的各个方面，使它们的面貌发生了重大的变化，特别是半导体集成电路的出现，引起了电子工业的一场革命。过去，电子电路都是由一个个分立的元件（晶体管、电阻、电容等）组合成的。集成电路则把一个电路所需的晶体管、电阻、电容等元件，制作在一块小小的片上，成为不可分割的整体，这就大大减小了电子设备的体积、质量和成本，提高了可靠性和寿命。20 世纪 70 年代制作的大规模集成电路，已经把成千上万个元件集成在只有指甲盖十分之一大的一块硅片上。大规模集成电路的应用，有力地推动了电子计算机工业的飞速发展。1946 年制成的第一台电子管计算机，需要六间屋子才能装得下，可是采用了大规模集成电路后，缩小到可以装在火柴盒中。这种微型计算机，可以使生产过程实现全盘自动化，将成为人类生产和生活的得力助手。现代半导体技术已经有可能制成超大规模集成电路，在只有一粒黄豆大小的硅片上，制出了包含着几万至几十万个器件的电路，它将成为现代电子技术的重要支柱，有力地促进其他科学技术的发展。由于高纯度材料的发展，正在研制一种"半导体功能块"，它是利用半导体内部物理现象制成的新颖器件，这种器件没有电路元件和复杂的网络连接，但能完成一定的电路功能。

在半导体领域内，人们所取得的成就还仅仅是开始，各种奇妙的半导体器件正在不断涌现，如雨后春笋，方兴未艾。

知 识 拓 展

晶体管的发明

晶体管的发明实际上是在 1947 年 12 月 23 日的半年之前，当时贝尔实验室的研究人员已经看到了晶体管的商业价值，为写专利，保密了半年，到 1947 年 12 月 23 日，巴丁布莱顿和肖克莱正式公布了他们的发明，这也成为晶体管的正式发明日。他们用了一个非常简单的装置，就是在一块锗晶体上，用两个非常细的金属针尖扎在锗的表面，在一个探针上加正电压，在另外一个探针上加负电压，我们现在分别称为发射极和集电极，N 型锗就变成了一个基极，这样就形成了一个有放大作用的 PNP 晶体管。

巴丁和布莱顿当时在肖克莱领导的研究小组工作，虽然肖克莱时任组长，但是在发明专利上没有他的名字，他心里很不愉快。为此，在很短的时间内，即在晶体管发明不久之后的 1948 年 1 月 23 日，他提出了一个不是点接触而是面接触式晶体管结构。后来证明这种结构才真正有价值。

巴丁和布莱顿在保密了将近半年后才公布了他们的发明，发明公布以后，当时的反应并不如期望的热烈。《纽约时报》将这个消息放在了第 46 版收音机谈话的最后，只有短短的几句话。当时的学术杂志对此也不是非常热衷。由于当时的反应并不如他们想象的那样强烈，所以在 1952 年 4 月，为了推广他们的这个发明，又再次举办了公众听证会，就是想把他们的研究成果公布于企业界。当时他们邀请了美国众多做真空管的公司，每一个公司只需交纳 25000 美元就可以参加这个听证会，而且给予的许诺是如果将来要是采用了这个技术，听这个报告会的 25000 美元入场费可以从中扣除。当时大概有几十家公司参加了听证会，然而大多数的人都是做真空管的，他们对半导体晶体管的意义不以为然，不是非常感兴趣。试想如果晶体管的发明得到了成功应用，那么真空管就会慢慢地消失。所以从这个角度看，他们的热情不高也是可以理解的。但是科学界对这个发明还是给予了很高的评价，1956年，巴丁、布莱顿和肖克莱三人被授予诺贝尔物理学奖。

在今日来看，晶体管的发明不仅引起了电子工业的革命，而且彻底地改变了我们人类的生产、生活方式。我们今天日常所用的电器几乎没有不用到晶体管的，如电脑、电视等。

思 考 题

1-1　本征半导体和杂质半导体有什么区别，杂质半导体具有哪些明显的特性？

1-2　半导体材料的种类有哪些？

1-3　如何理解异质结和超晶格材料，二者分别有什么特点？

1-4　请列举出至少五种以上半导体材料的应用。

2 发 光 材 料

关键词：发光，热释发光，光致发光，电致发光，半导体照明，LED

提起照明，人们马上会想到灯具店中那些五颜六色的各式灯具。1879 年，发明家爱迪生经过上千次的试验，用碳化的扁竹条作发光材料，制造出世界上第一盏实用的电灯，从此，人类告别了煤气灯照明，进入了电光源时代。电灯的发明，给人类社会带来了极大的方便。但是竹条灯泡的寿命很短，发光的效率也不高。经过不断地试验，科学家找到了理想的发光材料——钨，电灯才作为一种实用的照明用具，进入了千家万户。100 多年来，目前的品种已超过 3000 种，规格已达到 5 万多种。

2.1 基 本 概 念

发光材料又称发光体，是一种可以把从外界吸收的各种形式的能量转换为非平衡光辐射的功能材料。光辐射分为平衡辐射和非平衡辐射，即热辐射和发光。任何物体只要具有一定的温度，那么必定具有在此温度下处于热平衡状态的辐射（红光、红外辐射）。非平衡辐射是指在某种外界作用的激发下，体系偏离原来的平衡态，如果物体在回复到平衡态的过程中，多余的能量以光辐射的形式释放出来，则称为发光。因此发光是一种叠加在热辐射背景上的非平衡辐射。

2.2 固体发光的基本特征

（1）任何物体在一定温度下都具有平衡热辐射，而发光是指吸收外来能量之后，发出的总辐射中超出平衡热辐射的部分。

（2）当外界激发源对材料的作用停止后，发光还会持续一段时间，称为余辉。这是固体发光与其他光发射现象的本质区别。

2.3　发光材料的主要激励方式

激励材料发光的方式有许多种，主要有：光致发光、阴极射线发光、电致发光、热释发光、光释发光、辐射发光等。

2.3.1　热释发光

热释发光是指发光体以某种方式被激发后，贮存了能量，然后加热发光体，使它以光的形式把能量再释放出来的发光现象。热释发光材料中含有一定浓度的发光中心和陷阱，在一定能量激发下，晶体内产生自由电子或空穴，其中一部分被陷阱俘获。晶体受热升温时，被俘的电子热激发成为自由载流子，当与电离的发光中心复合时就发出光来。发光强度近似正比于陷阱释空率（单位时间、单位体积晶体内从陷阱释放出的载流子数）和复合发光的效率，如白炽灯的发光就属于此类。白炽灯是由发光用的金属钨丝、与外界电源相通的电极尾部的密封部分组成。一般将灯泡里面抽成真空或充入其他惰性气体，利用钨熔点高的特点，将其制造成丝状，通入电流后，钨丝便发光，并有一部分电能转化为热能（见图2-1）。钨丝白炽灯成本低，

图2-1　热释发光灯泡

但却很费电，因为电能大多以热能的形式散发了，仅有8%的电能变成了光，而且随着钨丝的挥发，灯丝很快会熔断，寿命才几百个小时。对于特殊场合的照明，如工矿、路灯、广场、舞台等的照明，一般采用充卤族气体的各种卤素灯、发出强光的弧光灯。为节省电能，各种节能灯也相继问世。但是，这些灯大都是以钨作为发光材料，只是在充气和内层涂饰物上做了改进。

2.3.2 光致发光

在紫外光、太阳光或普通灯光照射后，物体在黑暗的环境中具有一定的发光性能，这种物体称光致发光材料，又称为长余辉发光材料和蓄能发光材料。它们的发光强度和延缓时间的长短与该物体的材质有关。光致发光材料有多种，常见有长磷光荧光体和稀土长余辉荧光体。长磷光荧光体是用硫化锌与铜制成的荧光体，此种荧光体成本低，但硫化物性质不稳定、易潮解、抗老化性差、余辉延时时间短。稀土长余辉荧光体是在铝酸盐荧光体的基础上添加二价的稀土铕和镝做成的长余辉荧光体，荧光延时可达十二个小时以上。日光灯发光就属于光致发光。它是一种在灯管内壁涂荧光粉的电灯。当日光灯管接上电源时，灯管两端的微细白热灯丝会引起化学反应，放出电子。电子会从一端移至另一端，每秒钟产生一百二十次闪光。由于速度太快，使得人类的肉眼无法看见这些闪动的紫外线光。灯管内的水银由于温度高而蒸发成气体，这种带电的蒸气附着在灯管的内侧，通过管壁上的荧光粉将紫外线的能量转换为可见光的能量。由于发出的光近似日光，所以习惯上将这种灯称为"日光灯"（见图 2 - 2）。荧光灯的发光效率有了很大的提高，寿命也比白炽灯长。

2.3.3 电致发光

电致发光是通过加在正负电极的电压产生电场，被电场激发的电子碰击发光中心而引起电子能级的跃迁、复合导致发光的一种物理现象。半导体发光器件——发光二极管是电致发光的典型应用。电流通过它时能够发光，把电能直接转化为光能。

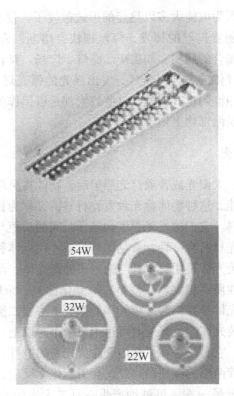

图 2-2　荧光灯

2.4　半导体照明

发光二极管是半导体二极管的一种，可以把电能转化成光能，简写为 LED。现在发光二极管已随处可见，在家用电器上，如音响设备，电话，各种玩具上的红色、黄色、绿色的小灯等。大家都知道，白炽灯是靠电加热灯丝，使其达到高温而发光的，而日光灯是靠灯管内水银蒸气在电场作用下发出紫外线，然后靠涂在灯管上的荧光粉把它转换成可见光。半导体发光二极管既没有发热的灯丝，又没有荧光粉，它是靠什么来发光呢？它靠的是 PN 结。发光二极管与普通二极管一样是由一个 PN 结组成的，具有单向导电性。当给发光二极管加正向电压后，从 P 区注入到 N 区的空穴和由 N 区注入到 P 区的电子在 PN 结附近数微米区域复合，产生自发辐射的荧光。发光二极管的发光波长取决于发光材料的能隙大小。若要使二极管产生可见光，就要使材料的低能导带与高能导带之间的能隙大小必须落在狭窄的范围内，大约 $2 \sim 3eV$。能量为 $1eV$ 的光子波长为 $1240nm$，处于红外区，当能量达到 $3eV$ 时，发出光子的波长约为 $400nm$ 左右，呈紫色。人们首先制出来的是红色发光二极管，它们用的是 GaAs 与 GaP 的固溶体，另一个是 GaAs 与 AlAs 的固溶体，它们在电路及仪器中作为指示灯或组成文字或数字显示（见图 2-3）。在磷化镓的单晶和发光二极

图 2-3 LED 发光管

管工艺获得突破以后，发光二极管已能发出红色、橙色、黄色、绿色。随着各种应用的开发，发光二极管的市场迅速扩大，发光二极管在商店、车站等公共场所及家庭到处可见。但是，已获得的几种颜色不能满足全色的彩色显示的需要。早在1861年，著名的科学家麦克斯韦就提出了各种彩色都是由三种基色——红色、绿色、蓝色按不同比例组合形成的。后来人们根据这个原理研究成功彩色摄影、彩色电视机等。GaN的禁带宽度为3.39eV，对应的波长为0.66nm，处在紫外区，但是可以利用固溶体把它调到可见光区，其中利用GaInN固溶体可以做出发绿色和发蓝色的发光二极管。目前用作交通指挥灯的蓝绿色发光二极管已在许多大城市中得到应用，三基色的全色显示屏也已经问世。取代阴极射线管，用发光二极管实现彩色平板显示是今后发展的方向之一。

半导体发光二极管的发光是有颜色的，这给人们带来了方便，可利用不同的颜色来传递不同的信息。另外，单一的颜色，醒目，如商店的广告或车站的通知。但是，如果发光二极管发白光，就可以作照明用。这种光源的特点是节能，而且寿命长，一般超过50年。目前这样的发光二极管已经开发出来了，用的是GaN基的材料。

目前常用的是发红光、绿光或黄光的二极管，它们的材料和主要特性如表2-1所示。

表 2-1 LED 发光材料及其主要特性

LED 类型	发光颜色	最大工作电流/mA	一般工作电流/mA	正向压降/V
磷化镓	红	50	10	2.3
磷砷化镓	红	50	10	1.5
碳化硅	黄	50	10	6.0
磷化镓	绿	50	10	2.3

与白炽灯泡相比，发光二极管的特点是：工作电压很低（有的仅一点几伏）；工作电流很小（有的仅零点几毫安即可发光）；抗冲击和抗震性能好，可靠性高，寿命长；通过调制通过的电流强弱可以方便地控制发光的强弱。由于有这些特点，发光二极管在一些光电控

制设备中用作光源，在许多电子设备中用作信号显示器。如把它的管心做成条状，用 7 条条状的发光管组成 7 段式半导体数码管（见图 2-4），每个数码管可显示 0~9 十个数字。

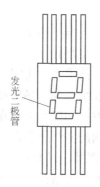

图 2-4　7 段式 LED 发光管

如今，发光二极管作为半导体元件与晶体三极管、集成电路一样已深入应用到了所有领域。由于半导体光电子技术的进步，发光二极管的亮度大幅度提高，使用寿命延长，生产成本不断降低，半导体光源开始进入照明领域，展示了巨大的市场前景。

半导体照明具有以下几个方面的技术优势。

（1）安全性好。半导体发光二极管是有机树脂和半导体材料、金属材料封装的固态器件，结构坚固，正常使用时不会产生松动、破碎的情况，并且发光体是冷光源，驱动电路也没有高电压，因此，不会因为高温和破碎后内部的高电压引发连带事故，自身的安全性和对外界环境的安全性都很好，而且没有重金属污染，比较环保。

（2）使用寿命长。同等亮度的 LED 灯泡功耗只有白炽灯的 10%，其寿命可达 10 万小时，比日光灯长 10 倍，比白炽灯长 100 倍。因此，半导体灯比任何传统光源的寿命都长得多。

（3）微小功率时发光效率高。在 3W 以下的微功率范围内，各种光源的发光效率都大幅度降低，而发光二极管的发光效率却保持在比较高的水平，因此，微小功率照明时半导体灯的光效远高于其他光源。

（4）色彩丰富。发光二极管有各种颜色，可以满足白光以外的其他颜色的照明要求。

（5）驱动和调控方便。发光二极管是电流型驱动器件，改变流过发光二极管的电流就可以改变亮度，因此，驱动和调控都很方便。

（6）体积小，质量轻。半导体发光二极管是微型点光源，因此，可以做成很小的体积，重量也很轻。

半导体发光器件的这些技术优势决定了它必将发展成为新型照明光源，改变现有的照明产业结构和市场格局，改变人们的生活环境。

但是，任何新事物在发展初期都会存在一些不足，半导体照明也不例外，当前的半导体照明的劣势主要在以下两个方面。

（1）大功率发光二极管器件价格高。目前，大功率白光发光二极管的市场价格约是传统光源价格的十几倍到几十倍。

（2）大功率应用光效低。商品化的 3W 以上大功率发光二极管发光效率每瓦只有 20～30 流明，远低于光效每瓦 100 流明以上的高强度气体放电灯，也低于每瓦 60 流明以上的稀土三基色荧光灯。说半导体照明省电、节能，实际上只是在微小功率范围内，用半导体光源做大功率照明灯具时和现有高效光源相比不是省电而是费电。

光效低的另一个问题是输入的电能大量转变为热能。发光二极管是冷光源仅仅是指发光体本身不是灼热体，但是大电流在半导体材料上产生的电阻热还是会使发光管产生较高的温度，而由半导体材料制作的发光二极管不耐高温，过热会使其使用寿命大幅度降低，用散热器散热增加了灯具的体积，使半导体光源体积小、质量轻的优势消失。

半导体光源在短期之内还不能真正进入一般照明领域替代传统光源。只有发光管发光效率大幅度的提高和生产成本大幅度的降低才能解决这些问题。但是，技术的进步需要时间。

尽管半导体照明目前仍然存在一些不足，但是半导体光源在以下几个领域仍具有明显的优势。

（1）用于 3W 以内的小功率照明具有其他照明方案不可比拟的优势。如作为局部照明的台灯、阅读灯、手电、矿灯、工作灯，微光照明的走廊灯、应急灯，机动车的车内照明和各种信号灯光，这些照明应用亮度要求不高。3W 以内的半导体灯已经完全能够胜任，16 个 60mW 的小功率发光管制作的半导体灯就可以达到 1W 的电功率，其亮度超过用单只 1W 大功率发光二极管制作的半导体灯。其他照明方案在微小功率应用时光效都大幅度降低。因此，在小功率照明领域半导体灯光效高，价格也不是很高，综合优势明显，完全可以和传统照明方案竞争。

（2）危险场所的照明具有明显的优势。工业生产中，有许多弥散有可燃性气体的危险场所，在这些领域，安全问题极为重要，半导体灯的安全性无可比拟。在这些场所使用半导体灯完全可以抵消价格高形成的不利影响，典型的应用领域如煤矿的矿灯，石油化工厂、油气田的现场工作灯等。

（3）太阳能、风能照明等自然能照明系统中的应用。没有市电供应的地区大量使用太阳能、风能等自然能照明。但是，自然能只能解决较小功率的电能，大功率自然能供电系统价格昂贵，由于电的来源困难，省电很重要，半导体灯在小功率应用时光效高的特点正好得以发挥。如草原牧区的太阳能照明系统，无人值守的太阳能信号灯、航标灯等。

（4）体积照明的场所有明显优势。在医学和工业应用的内窥镜照明，仪器、仪表内部照明，工具箱内部照明等。这些空间有限的照明场所，一般灯具体积大，不便使用，半导体照明有明显的优势。

（5）不便于维修更换灯具的照明场所。铁路信号灯、无人区的航标灯，许多照明光源寿命太短，更换不便。半导体灯的长寿命优势可以减少许多麻烦。

（6）需要闪烁工作的场所。闪烁工作的典型应用如交通信号灯（见图 2-5）、装饰或者舞厅用的频闪灯、串闪灯、照相闪光灯等，在这些应用中，许多传统光源会因为闪烁而过早损坏。发光二极管是一种量子器件，不会因为闪烁而影响使用寿命。

（7）需要变光变色的照明。有些应用领域需要变色、调光等控制，如广告装饰性灯光、台灯、宾馆的床头灯等。发光二极管亮度调控方便的特点使这些功能控制容易实现。

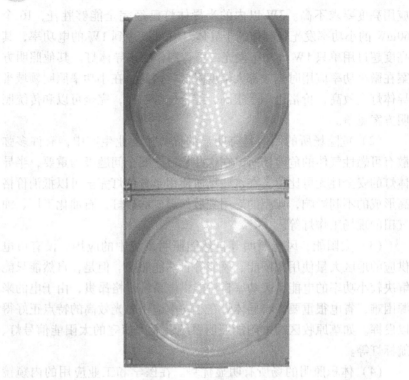

图 2 – 5　交通信号灯

2.5　LED 的未来——蓝色发光二极管的诞生

1993 年，日亚化学工业公司的员工中村修二独立设计新型装置，用氮化镓成功研制出蓝色发光二极管半导体元件。蓝色发光二极管亮度高、耗电少。由于它的诞生，红、绿、蓝三种原色的半导体元件已均能生产，发光二极管的大屏幕显示器更加色彩斑斓。目前，信号机、手机画面的光源等已广泛使用蓝色发光二极管。蓝色发光二极管的诞生也引发了对能发更强光的蓝色激光二极管的技术研发。由于蓝色激光波长短，能存储、读取细小文字、信息，使用蓝色激光的新一代光盘将具有上一代光盘 5 倍以上的存储容量，关于激光在下一章将会详细介绍。

半导体照明（发光二极管）未来可能取代大批灯泡。半导体照明正孕育着新一轮照明革命。自 20 世纪发光二极管 LED 出现，其技术取得了飞跃发展。与传统白炽灯和日光灯相比，LED 白光照明灯从理论上讲，在功耗、寿命、环境保护等方面都具有绝对优势。如何把光子变成可见光且要达到足够的亮度与色彩自然成为科学界角逐的目标，研制出能发出白光的二极管或其组合物成了最高目标，因为这意味着节能世界的到来。

知 识 拓 展

光电二极管的发明

尼克·霍洛尼亚柯是美国通用电气公司一名普通的研究人员。1962 年，他研制成世界上第一支发红光的二极管（light－emitting diodes－LED）。他认为，能获得红光也必将有可能获得其他颜色的光。1963 年，他在美国《读者文摘》上撰文称，未来照明及显示领域将是发光二极管的天下！

霍洛尼亚柯在发明了发光二极管后的第二年，离开了通用电气公司，成为伊利诺大学电气工程教授。他想教育培养出更多的学生，通过他们来改进和推广发光二极管的应用。他在该大学教育出的很多物理学博士成为了企业家、首席行政官或研究人员，并将其发明经过改进后成功实现了发光二极管的市场化。

1963 年，霍洛尼亚柯又发明了世界上第一个发红光的半导体激光器。这种激光二极管现已成为 CD、DVD、播放机、激光打印机和复印机的关键部件。从上世纪 70 年代起，霍洛尼亚柯开始将发光二极管发光光谱扩展到不可见光——红外线。发红外光的二极管不仅将改变长途通信系统，也将改变计算机的面貌。霍洛尼亚柯还希望用发光二极管的方法，将大量光学开关集成在芯片上，从而实现光计算机的梦想。

　　霍洛尼亚柯的贡献在于给予后人新的启发，为研究新光源、新器件开辟了新途径。现在，人们已经制成能发黄、绿、蓝、白等不同色彩的发光二极管。如今用发光二极管制成的巨型显示屏风靡世界各地，显示的数字即使白天也十分清楚。目前交通灯及汽车内的所有指示灯几乎用的全是发光二极管。

思 考 题

2-1　发光材料的激励模式有哪些？
2-2　半导体材料用于照明有哪些优劣点？
2-3　为什么说未来的照明属于半导体照明方式？
2-4　如何理解材料的发光？

3 激 光 材 料

关键词：激光，激光材料，激光器，相干性，激光武器

激光刚刚诞生不久就被人们称为"解决问题的工具"。科学家们一开始就意识到激光这种奇特的东西，将会像电力一样注定要成为这个时代最重要的技术因素。迄今为止，仅仅二十多年的初步应用，激光已经对我们的生活方式产生了重大影响。激光通信使我们在地球的每一个角落里都能准确迅速地进行信息交流，激光唱盘可以使我们渴望聆听世界名曲的现场演奏几近成真。总之，激光正实现着几年前还令人难以置信的技术奇迹。从工业生产到医学，从电讯通信到战争机器，科学和技术正运用激光来解决一个又一个难题。

3.1 激光的基本概念

激光是一种特殊的电磁波（见图 3 - 1）。激光的产生是 100 多年来科学家们深入研究电现象、磁现象和光现象的结晶。激光的直接创

图 3 - 1 激光

始人可以追溯到当代伟大的科学家爱因斯坦。爱因斯坦得过一次诺贝尔奖金。有趣的是，他得奖并不是由于举世闻名的相对论，而是因为他在 1905 年提出的光量子假说。他认为光是由许许多多光子组成的，不同颜色的光由不同能量的光子组成。爱因斯坦用这种假说解释光电效应获得了惊人的成功。1916 年，爱因斯坦在《关于辐射的量子论》论文中提出原子中的电子可以受"激"而放出光子。这种受激辐射的过程就是产生激光的基本物理原理。

3.2　激光产生的机制

发光有两种形式，自发辐射和受激辐射。自发辐射是指处于激发态的原子中，电子在激发态能级上只能停留一段很短的时间，就自发地跃迁到较低能级中去，同时辐射出一个光子，这种辐射称为自发辐射。自发辐射是不受外界辐射场影响的自发过程，各个原子在自发跃迁过程中是彼此无关的，受激辐射是指原来处于高能级的电子可以在其他光子的刺激下跃迁到低的能级，同时发射出一个同样能量的光子。由于该过程是在外来光子的刺激下产生的，所以称为受激辐射。值得注意的是，受激辐射出的光子与外来刺激的光子在频率、发射方向、相位及偏振状态等方面完全相同。只要产生一次受激辐射，就能使一个光子变成两个光子，这两个光子又会引起其他原子发生受激辐射，于是，在极短的瞬间内激发出大量的光子，实际上就将光放大了。在这种情况下，只要辅以必要的设备，就可以形成具有完全相同频率和相同方向的光子流，这就是激光。形成光放大的设备称激光器。激光器由发光物质、谐振腔和激光源三部分组成。许多物质都可以产生激光，但不同的物质产生的激光在物理性能上有所不同。

3.3　激光的特点

（1）比太阳还要亮百亿倍。太阳光又强、又热，谁也不敢正视耀眼的太阳，可是与激光相比，太阳光就仿佛是小巫见大巫了。最初研制出的红宝石激光器发射出的深红色激光是太阳亮度的四倍。而近年来研制出的最新激光要比太阳表面亮度高出一百亿倍以上！因为激光器发出的激光是集中在沿轴线方向的一个极小发射角内（仅十分之一度左右），激光的亮度就会比同功率的普通光源高出几亿倍。激光器能利用特殊技术，在极短的时间内（比如一万亿分之一秒）辐射出巨大的能量，当它会聚在一点时，可产生几百万度甚至几千万度的高温。

（2）颜色最纯。太阳光可分解成红、橙、黄、绿、青、蓝、紫七色光，不同颜色的波长是各不相同的。在自然界中几乎找不到波长纯的光，各种波长的光总是混杂在一起。科学家们长期以来一直努力寻找一种波长一致的单色光源，激光就是这种理想的单色光源。以氦氖气体激光器为例，它射出的波长宽度不到一百亿分之一微米，完全可以视为单一而没有偏差的波长，是极纯的单色光。

（3）方向集中。当我们按亮手电筒或打开探照灯时，看上去它们射出的光束在方向上是笔直的，似乎也很集中，但实际上当光束射到一定距离后，就分散得四分五裂。唯有激光才是方向最一致、最集中的光。如果将激光束射向月球，它不仅只需花 1 秒钟左右便能到达月球表面，而且仅在那里留下一个半径为 2km 的光斑区。

（4）相干性很好。当用手将池中的水激起水波，并使这些水波的波峰与波峰相叠时，水波的起伏就会加剧，这种现象称为干涉，能产生干涉现象的波称为干涉波。激光是一种相干光波，它的波长、方向等都一致。物理学家通常用相干长度来表示光的相干性，光源的相干长度越长，光的相干性越好。而激光的相干长度可达几十千米。因此，如果将激光用于精密测量，它的最大可测长度要比普通单色光大10 万倍以上。

激光的这四大特点是互有联系相辅相成的。

3.4 激光材料的基本概念

激光材料是指把各种泵浦（电、光、射线）能量转换成激光的材料。它是激光器的工作物质。激光材料主要以固体激光物质为主，其中固体激光材料分为两类。一类是以电激励为主的半导体激光材料，一般采用异质结构，由半导体薄膜组成，用外延方法和气相沉积方法制得。根据激光波长的不同，采用不同掺杂半导体材料。通常在可见光区域，以Ⅲ～Ⅴ族化合物半导体为主；在中红外区域以Ⅳ～Ⅵ族化合物半导体为主。另一类是通过分立发光中心吸收光泵能量后转换成激光输出的发光材料。这类材料以固体电介质为基质，分为晶体和非晶态玻璃两种。激光晶体中的激活离子处于有序结构的晶格中，玻璃中的激活离子处于无序结构的网络中。常用的这类激光材料以氧化物和氟化物为主，如硅酸盐玻璃、磷酸盐玻璃、氟化物玻璃、氧化铝晶体、钇铝石榴石晶体、氟化钇锂等。氧化物材料具有良好的物理性质，如高的硬度、机械强度和良好的化学稳定性。氟化物材料具有低的声子频率、宽的光谱透过范围和高的发光量子效率。

3.5　激光器的种类

气体激光器中最常见的是氦氖激光器。世界上第一台氦氖激光器是继第一台红宝石激光器之后不久，于1960年在美国贝尔实验室里由伊朗物理学家贾万制成的。由于氦氖激光器发出的光束方向性和单色性好，可以连续工作，所以这种激光器是当今使用最多的激光器，主要用在全息照相的精密测量、准直定位上。气体激光器中另一种典型代表是氩离子激光器，它可以发出鲜艳的蓝绿色光，可连续工作，输出功率达100多瓦。这种激光器是在可见光区域内输出功率最高的。由于它发出的激光是蓝绿色的，所以在眼科上用得最多，因为人眼对蓝绿色的反应很灵敏，眼底视网膜上的血红素、叶黄素能吸收绿光。因此，用氩离子激光器进行眼科手术时，能迅速形成局部加热，将视网膜上蛋白质变成凝胶状态，它是焊接视网膜的理想光源。氩离子激光器发出的蓝绿色激光还能深入海水层而不被海水吸收，因而可广泛用于水下勘测作业。

液体激光器也称染料激光器，因为这类激光器的激活物质是某些有机染料溶解在乙醇、甲醇或水等液体中形成的溶液。为了激发它们发射出激光，一般采用高速闪光灯作激光源，或者由其他激光器发出很短的光脉冲。液体激光器发出的激光对于光谱分析、激光化学和其他科学研究具有重要的意义。

化学激光器是用化学反应来产生激光的，如氟原子和氢原子发生化学反应时，能生成处于激发状态的氟化氢分子。当这两种气体迅速混合后，便能产生激光，因此不需要别的能量，就能直接从化学反应中获得很强大的光能。这类激光器比较适合于野外工作，或用于军事目的，令人畏惧的死光武器就是应用化学激光器的一项成果。

固体激光器是用固体激光材料作为工作物质的激光器。1960年，T. H. 梅曼发明的红宝石激光器就是固体激光器，也是世界上第一台激光器。固体激光器中常用的还有钇铝石榴石激光器，它的工作物质是氧化铝和氧化钇合成的晶体，并掺有氧化钕。激光是由晶体中的钕离子放出，是人眼看不见的红外光，可以连续工作，也可以脉冲方式工作。由于这种激光器输出功率比较大，不仅在军事上有用，也可广泛用于工业上（见图3-2）。

激光切割钢板

图3-2　激光加工

半导体激光器是固体激光器的一种，它可以做得比较小，如砷化镓半导体激光器的体积只有火柴盒大小，这是一种微型激光器，输出波长为人眼看不见的红外线，在0.8~0.9μm之间。由于这种激光器体积小，结构简单，只要通以适当强度的电流就有激光射出，再加上输出波长在红外光范围内，所以保密性特别强，非常适合用在飞机、军舰和坦克上。

另外，还有两种较为特殊的激光器。一种是 CO_2 激光器，可称为"隐身人"，因为它发出的激光波长为 $10.6\mu m$，"身"处红外区，肉眼不能觉察，它的工作方式有连续、脉冲两种。连接方式产生的激光功率可达 20kW 以上。脉冲方式产生的波长 $10.6\mu m$ 激光也是最强大的一种激光，人们已用它"打"出原子核中的中子。CO_2 激光器的出现是激光发展中的重大进展，也是光武器和核聚变研究中的重大成果。最普通的 CO_2 激光器是一支长 1m 左右的放电管。它的一端贴上镀金反射镜片，另一端贴一块能让 $10.6\mu m$ 红外光通过的锗平面镜片作为红外激光输出镜。它产生的激光是看不见的，"打"在砖上足以把砖头烧到发出耀眼的白光。做实验时，一不小心就会把自己的衣服烧坏，裸露的皮肤碰到了也会烧伤，所以这种激光器上都贴着"危险"的标记，操作时要特别留神。输出功率大的 CO_2 激光器结构像大型喷气发动机，开动起来声音巨响，它能产生上百万瓦的连续激光，是连续方式发射激光中的最强者。最初的激光打坦克靶实验，用的就是这种激光器。

3.6 应 用

3.6.1 激光武器

激光出现以后，用光作武器的幻想由希望变为了现实。由于激光的强度比太阳强度大得多，有人就想到利用激光来制造武器，而且给激光武器起了一个夸张的、可怕的绰号——"死光"。从此，"死光"这一名称深深地印在人们的脑海中，以至于一谈到激光就想起"死光"。真有"死光"吗？可以明确地说，现在还没有能把人一照就死的"死光"。通常所说的激光武器还只是利用激光的巨大瞬时能量，在攻击目标上产生高温、高压力，从而摧毁目标的一种光武器，和真正的"死光"不一样。目前，人们预料，真正的"死光"将是 γ 射线激光。γ 射线中的光子比可见光的光子能量高百万倍，它对人体的穿透力比 X 光强得多。一旦制成 γ 射线激光器，它射出一束无形的强大 γ 射线光束，照到人体上，就会穿透人体的皮肤、肌肉，直达内脏，破坏肌体，致人死命，而不落痕迹。把 γ 射线称为"死光"才算名副其实。然而，γ 射线激光的研究才刚刚开始，发展情况怎样，还要等着瞧呢！

3.6.1.1 激光枪和激光炮

最早的激光武器是激光枪，用的是红宝石激光器。小巧的激光枪外形和步枪差不多，质量约 12kg。激光枪射出的激光"子弹"能烧伤敌人的眼睛，使敌人的衣服起火，引起恐慌。但是，只要在身上罩一层白布，就可以使激光反射消散，激光枪也就失效了，可见它并不实用，现在已很少有人提起。

接着出现的是激光炮（见图 3 - 3）。那是一种庞大的功率激光器，它射出强大的激光束能准确地击中目标。国外有人用功率达 1.5 万瓦的二氧化碳激光器产生的激光击落了一架长 4.5m、时速近 500km 的遥控靶机。用氟化氘激光摧毁了一枚正在高速飞行的 71A 型反坦克导弹。此外，还有用激光在坦克上打出拳头大一个洞的消息报道。

图 3 - 3　激光炮

那么，激光炮是不是可以用来制造武器呢？至少目前还不行。上面所说的仅仅是一些激光武器试验而已。这些试验无疑是成功的，但还有是否实用的问题。目前的激光炮的效率较低、代价高、装置十分庞大、机动性差，在实战中不会比常规武器更有效。一台工业用的激光输出功率为 5000W 的二氧化碳激光器加上电源等设备大约重 8t，即使堆在一起也要占 8～9 个平方米面积。你可以想象一下功率达一两万瓦的激光器该有多重、多大。用作激光炮的二氧化碳气体激光器更庞大，只能堆置在山洞里用。怪不得一些对发展激光武器持悲观想法的人讥笑这些大家伙说："其实不需要激光，只要把这笨重、庞大的装置砸在坦克上，也足够把它压垮了。"

尽管如此，由于现代战争的需要，激光炮的研究还在进行。比较有希望的是不需要电源，利用化学激励的氟化氘激光器，它可以制造成体积小、效率高的激光炮。美国已经把这样的激光炮安装在试验飞机上，做截击空对空导弹的试验。

3.6.1.2　激光导弹

在海湾战争中，以美国为首的多国部队向伊拉克境内发动大规模空袭，摧毁了伊拉克的许多重要军事目标，最后，这场战争以伊拉克的失败而告终。当时，美国飞机上装有激光瞄准器，它能发射出红外激光。当一架担任侦察任务的飞机在空中发现地面目标时，就边在空中盘旋，边用激光瞄准器不断地向目标发射激光束。这种激光束实际上起着向导的作用。这时，担任攻击任务的另一些飞机就随后飞来，向目标扔下激光制导导弹。这些激光制导导弹上装有自动跟踪系统。这种自动跟踪系统等于导弹的眼睛，当导弹扑向目标时，它能根据从目标上反射回来的激光，不断地修正飞行中的航向，从而准确无误地击中目标。其实，这类激光制导导弹早在 20 世纪 70 年代美国在越南战场上就使用过。现在不仅有空对地导弹，而且有地对地、空对空、地对空等多种激光导弹。

人们感兴趣的激光器是反洲际导弹激光武器。洲际导弹大都带有核弹头，飞行速度每秒 5km 以上。它的爆炸力强，破坏范围大，不能让它在自己国土上起爆，要在离国土尽可能远的地方拦截它。当敌方导弹发射以后，先要发现它、监视它，并用计算机算出它的轨迹，确定拦截方案，最后再发射反洲际导弹对付它。整个过程需要相当长的时间，其中的关键是发射反弹道导弹，速度要快，否则，敌方导弹已飞到自己的国土上空，再截击它就为时过晚了。光速每秒达 30 万千米，比导弹快得多，如能用激光作拦截武器，可以赢得时间，从这一点来说，激光武器可能是一种理想的反导弹武器。

　　但是，随着对激光武器的研究逐步深入，科学家认识到要发展这种武器还有不少困难。除了激光设备庞大、笨重以外，主要问题是大气对激光的影响。温度、气压的起落变化会影响光束质量，使光束无法集中。大气对激光的吸收会随激光强度的提高而急剧上升，强光束难以在大气中传播。雨、雪、雾还会挡住激光，使激光射不到远处。因此，这种武器在实战中应用的可能性极小。于是，科学家设想把激光武器搬到大气层外的太空中去，装在卫星上。避开了大气层的影响，激光有希望成为空间战的武器，在太空中进行反卫星、反导弹的战斗。特别是军事卫星，它要侦察地面的军事活动，必定有光学观察窗和许多精密的仪器设备，这正好是激光武器可以攻击的弱点。

3.6.2　生命之光

3.6.2.1　治疗眼睛

　　激光为人类做的第一件好事就是进入人的眼底去治疗各种眼病。全世界接受激光治疗并治愈了眼病的人已有成千上万。激光可以医治多种难治的眼病，而最拿手的是视网膜凝结术和虹膜穿孔术。所以，激光眼科治疗机也称激光视网膜凝结器。人眼的视网膜是感受外来光线的视神经组织，它紧贴在眼底上。视网膜发生病变，出现裂孔，眼球内的玻璃体会通过这个孔进入视网膜下，使视网膜渐渐剥离下来，病人的视力渐渐减退，直到丧失视力。发病的早期如果把裂孔封闭，就有可能使视网膜的损伤得到治疗，恢复正常。如果没有激光，这种手术是很难做的。

　　早期的视网膜凝结器采用能焊接金属的红宝石激光器。当然要控制激光脉冲的能量，太大反而损伤视网膜，太小又起不了作用。激光能量适中，光束射入眼内，聚焦在裂孔上，使裂孔周围的蛋白质变成凝胶状态，就能把裂孔封闭起来，达到治疗的目的。虹膜穿孔术就是用激光在虹膜上穿一个孔，可以减低眼压，治疗闭角型青光眼。青光眼也是一种可能造成病人失明的眼病。用红宝石激光做虹膜穿孔术时，会引起虹膜出血。后来改用氩离子激光器发射的蓝绿光来做穿孔术。因为微细血管吸收强的蓝绿光后也会凝结，用蓝绿光做穿孔术可以防止虹膜出血。现在氩离子激光眼科治疗机已成批生产，成为一种常用的眼科医疗设备。

3.6.2.2　医治牙齿

在牙科，激光可以代替牙钻。根据世界卫生组织统计，儿童的龋齿发病率是相当高的，大约达到75％。对龋齿的传统治疗方法是使用牙钻，它钻得牙齿又酸又疼，然后是清洗、上药、补洞。用激光治牙，病人几乎没有不舒服的感觉，而且只要不发炎，一次治疗就能解决问题。牙科激光器是激光器中最小的弟弟，它的功率很小，只有3W，相当于一只节能灯，几乎不产生热量。它的发射端实际上是像头发丝那样细的光导纤维。治疗时，只需将光纤发射端接近龋齿灶，发出激光束，龋齿处组织就会分解，然后用清水冲洗掉。如果龋齿仅是浅度的牙珐琅质受损，激光束会将受损处的细微孔隙一一封死，这样便可以防止乳酸腐蚀牙本质。如果已出现了龋孔，用激光束钻孔、清洗后，即可将人造珐琅质材料填入空洞中，再用激光加热接合处，使人造珐琅质材料与牙珐琅质融为一体。激光治牙不仅无痛、迅速，而且治疗后的效果也好。

3.6.2.3　激光手术刀

利用激光能量高度集中的特点，把它作为外科手术上用的手术"刀"，有它的独到之处。常用的二氧化碳激光"刀"，刀刃就是激光束聚集起来的焦点，焦点可以小到0.1mm，焦点上的功率密度达到每平方厘米10万瓦。这样的光"刀"所到之处，不管是皮肤、肌肉，还是骨头，都会迎刃而解。激光"刀"的突出优点之一是十分轻快。用它来动手术时没有丝毫的机械撞击。用功率为50W的激光"刀"后，切开皮肤的速度为每秒钟10cm左右，切缝深度约1mm，和普通手术刀差不多。用激光"刀"来切开骨头，几乎和切皮肤一样"快"，这就比普通手术刀优越多了。一般来说，切骨手术要使用锯子和凿子，比如打开一小块头骨就要用一个小时，医生费力，病人受苦。使用激光"刀",就可以大大减轻医生的劳动强度,并减轻病人的痛苦。

激光"刀"的另一个突出优点是激光对生物组织有热凝固效应,因此它可以封闭切开的小血管,减少出血。医生在激光"刀"的帮助下,向手术禁区发动了进攻,攻克了一个个顽固堡垒。比如血管瘤,一动刀就会出血,往往危及生命,是碰不得的地方,医术再高明的医生也爱莫能助。自从有了防止出血的激光手术"刀",医生就大胆地闯入了这块禁地。用激光"刀"为病人治疗口腔血管瘤,手术成功率高达98%。医务工作者还用激光"刀"成功地对血管十分丰富的肝脏禁区进行了手术。

科学家发现激光封闭血管作用的大小与激光的波长有关。钇铝石榴石激光器输出激光波长为 $1.06\mu m$,凝血效果好,而用输出激光波长为 $10.6\mu m$ 的二氧化碳激光器,效果就不太理想。氩离子激光器发射的蓝绿激光,凝血效果比 $1.06\mu m$ 的激光还要好。但是,氩离子激光的功率不如钇铝石榴石激光;所以,深入出血禁区的手术,一般都用波长 $1.06\mu m$ 的激光。

那么,激光"刀"是什么样的呢?尽管它的"刀刃"只是直径为 $0.1mm$ 的一个小圆点,这把"刀"的刀体却相当大。二氧化碳激光"刀"一般来说,高近 $2m$,长近 $2m$,宽不到 $1m$。钇铝石榴石激光"刀"要小一点,但也没有一点刀的样子。其实,它的主体是一台激光器,包括电源和控制台。激光器是固定的,要使激光束能按医生的意图传到病人身上做手术的部位,还须配置一套称光转弯的导光系统。导光系统是激光"刀"的重要部分,它必须轻巧、灵活,让医生得心应手。二氧化碳激光"刀"一般使用导光关节臂。它由好几节金属管子组成,节与节之间呈直角,可以转动,有一点像关节,光学反射镜就装在关节的地方,激光束通过反射镜转弯。钇铝石榴石激光"刀"和氩离子激光"刀"除了用导光关节以外,外面包上塑料套,再包上金属软管,比较柔软,可以自由弯曲。光在光导纤维中传导和电在电线里传导相似。用光导纤维就比导光关节臂灵活、轻巧得多了。

现在,凡是用手术刀做的手术,都能用激光"刀"来做。医生可以根据对于手术的要求选择一种更合适的方法。相反，激光"刀"可以做一般手术刀无法做的手术。有了光导纤维以后，激光就可以钻到人的肚子里为人治病，这是手术刀甘拜下风的地方。医生把它和胃镜配合起来，送到病人胃里，如发现胃溃疡出血，只要一开激光，立即能使出血点凝固止血，不用开膛破肚，就可以治好病。除了治疗胃溃疡外，激光还可以进入食道、气管、腹腔，做多种手术。1982年，美国加州大学的一位科学家宣布了使用激光的一种新技术：用激光来清除堵塞动脉的胆固醇脂肪沉淀物。激光就是通过极细的光学纤维，进入血管的。

3.6.2.4　医学上的其他激光术

激光还和中国古老的针灸治疗结合起来，产生了激光针。这种激光针当然不能用激光"刀"那样强的激光，否则就不是"扎针"，而是打洞了。光针用的是小功率的氦氖激光器。它发出的红光通过一根细长的光纤照到病人的穴位上，通过皮肤，透入穴位，没有一点针刺的痛感，所以，怕打针的小朋友特别欢迎。光针治疗无痛、无菌，也无晕针现象。对某些疾病来说，它跟银针具有相同的治疗作用。扎光针对软组织炎症、失眠、小孩遗尿等疾病疗效相当高，还可治疗原发性高血压、支气管炎、哮喘等疾病。

激光在医学上的应用崭露头角，创造了不少奇迹，显示了它强大的生命力。但是，人们对激光医学寄予最大希望的是用激光这种新式"武器"来对付人类的大敌——癌症。用激光"刀"做恶性肿瘤的切除手术，不仅可以做到边切开、边止血、边消毒，而且可以使癌细胞受到激光的高强度照射后立即凝固、坏死，并化为青烟，即所谓肿瘤气化。这样，可以大大地减少癌细胞扩散转移的机会。用激光"刀"治癌的研究正在积极开展，也取得一些临床试验结果，但是，激光"刀"防止癌细胞扩散的效果还不够理想，对治癌的疗效还需要长期观察。

知 识 拓 展 ～～～～～～～～～～～～～～～～～

激光的历史

　　激光这个名词是从英文单词"Laser"音译过来的。最初，根据它的英文发音，译成"莱塞"、"镭射"等，不明其理的人看了简直莫名其妙。后来，有人根据它的意思，翻译成"受激辐射光"。显然，这个译名的含义清楚，而且把它跟普通光的区别明确地表示了出来，但字数太多，读起来不方便。1965 年，我国一些著名科学家建议，把"受激辐射光"缩写成"激光"两字，这样就比较简明顺口了。

　　在 1953 年，根据爱因斯坦的受激辐射原理，美国物理学家汤斯研制成功了微波放大器。1960 年 9 月，激光终于在美国年轻的物理学家梅曼手中诞生。梅曼使用了人造红宝石作为发光物质，以强光作为激光源。当梅曼用氙灯的闪光照射红宝石时，实验室里突然发射出一束深红色的光，其亮度达到太阳表面亮度的四倍，这束振奋人心的耀眼光束就是激光。

思 考 题

3－1　在上一章学习的基础上，结合本章的知识，阐述发光和激光的区别。

3－2　激光产生的机制和特点分别是什么？

3－3　激光应用在军事上的问题是什么，是否有解决的办法？

3－4　试列举出激光在生命领域的应用。

4 光纤材料

关键词：光纤，光缆，单模光纤，多模光纤，光纤通信

大家都知道光导纤维（光纤）到户上网速度特别快，还知道光纤可以在太平洋海底横跨大陆，不过很多人并不太清楚光纤到底是如何工作的。光纤是利用全反射规律而使光沿着弯曲途径传播的光学元件。它是由非常细的玻璃纤维组成束，每束约有几万根，其中每根通常都是一种带套层的圆柱形透明细丝，直径约为 5 ~ 10μm，可用玻璃、石英、塑料等材料在高温下制成。它已被广泛地应用于光通信和光学窥视（传光、传像）。

4.1 光纤的工作原理

光在不同物质中的传播速度是不同的，当光从一种物质射向另一种物质时，在两种物质的交界面处会产生折射和反射，而且，折射光的角度会随入射光的角度变化而变化。当入射光的角度达到或超过某一角度时，折射光会消失，入射光全部被反射回来，这就是光的全反射。

光导纤维简称光纤，是利用光的全反射原理制作的一种新型光学元件，是由两种或两种以上折射率不同的透明材料通过特殊复合技术制成的复合纤维。它可以将一种信息从一端传送到另一端，是让信息通过的传输媒介（见图 4-1）。在光导纤维内传播的光线，其方向与纤维表面的法向所成夹角如果大于某个临界角度，则将在内外两层之间产生多次全反射而传播到另一端，如图 4-2 所示。光在传输过程中没有折射能量损失，因而这种纤维可以通过各个弯曲之处传递光线而不必顾虑折射能量损失，这也是光纤的最大优点。光纤通信在我国已有 20 多年的使用历史，是目前最主要的信息传输技术。

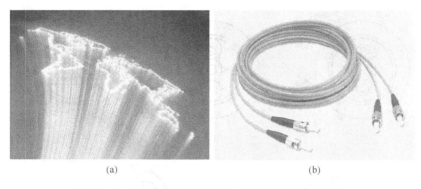

图 4 - 1 传输光的光导纤维（a）及光纤实物图（b）

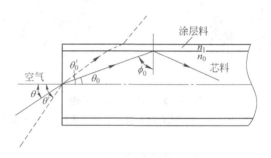

图 4 - 2 光在光导纤维中的传播

　　光纤的直径一般为几微米至几十微米（称为纤芯），由芯线和外涂层组成。一般要求芯料的透光率高，在纤芯外面覆盖直径 100 ~ 150μm 的包层和涂敷层，如图 4 - 2 所示。包层的折射率比纤芯略低，并且要求芯料和涂料的折射率相差越大越好。两层之间形成良好的光学界面。在热性能方面，要求两种材料的线膨胀系数接近，若相差较大，则形成的光导纤维产生内应力，使透光率和纤维强度降低。另外，要求两种材料的软化点和高温下的黏度都要接近。否则，会导致芯料和涂层材料结合不均匀，影响纤维的导光性能。

　　实际使用中经常将许多根光纤按照一定方式聚集在一起构成纤维束或光缆（见图 4 - 3）。从纤维一端射入的图像，每根纤维只传递入射到它上面的光线的一个像素。如果使纤维束两端每条纤维的排列次序完全相同，整幅图像就可以像单根纤维传递图像那样被传递过去，

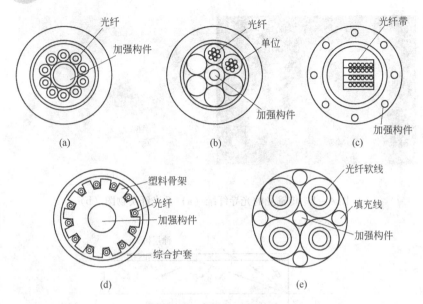

图 4 – 3　光缆的基本结构

（a）层绞式；（b）单位式；（c）带状；（d）骨架式；（e）软线式

在另一端看到近于均匀光强的整个图像。

4.2　光纤的分类

　　光纤按照传输模式分为单模光纤和多模光纤。这里的"模"就是指以一定的角度进入光纤的一束光线。多模光纤的中心玻璃芯一般比较粗（50μm 或 62.5μm），大致与人头发的粗细相当，可传多种模式的光。但其模间色散较大，这就限制了传输数字信号的频率，而且随距离的增加会更加严重。例如 600MB/km 的光纤在 2km 时只有 300MB 的带宽了。因此，多模光纤传输的距离比较近，一般只有几千米，多用于相对较近区域内的网络连接。单模光纤的中心玻璃芯较细（芯径一般为 9μm 或 10μm），只能传输一种模式的光。因此，其模间色散很小，适用于远程通讯。单模光纤对光源的谱宽和稳定性有较高的要求，即谱宽要窄，稳定性要好。

光纤按照成分可分为氧化物系统和非氧化物系统。氧化物系统的材料主要是氧化物玻璃，包括以 SiO_2 为主的石英系以及多种氧化物组分构成的多元系。石英的密度只有 $2.25g/cm^3$，外径为 $125\mu m$ 的光纤，1km 的质量只有 27g。在所有材料中石英系光纤的线膨胀系数是最小的，这使得石英系光纤在高温下容易加工而且性能不易随温度的变化而发生改变。石英系光纤不仅在原材料方面具有资源丰富、化学性能稳定等特点，在生产技术方面也是最先进的，可以达到极其优越的性能。石英系光纤传输性能相对比较高，主要以公共通信为主，广泛应用于各种通信系统。目前通信中普遍使用的是石英系光纤。多元系光纤与石英系光纤相比，其特点是不需要复杂的制造工艺和设备，价格比较便宜，但是损耗比较大，传输距离较石英系光纤短，可用于装饰或者制作胃镜。非氧化物光纤材料主要有硫属化合物玻璃、卤化物晶体和塑料光纤。与氧化物光纤相比，非氧化物光纤都是由重离子组成的，而且熔点比较低，离子间的结合很弱。由于瑞利散射，石英系光纤的传播距离一般小于 200km。硫属化合物和卤化物光纤，在 $2\mu m$ 以上的长波区域内，光损耗比较低，在理论上可望达到超低损耗 $0.1dB/km$ 以下。目前这两类光纤正处于研发当中，预计以后将会获得比较大的发展。塑料光纤的问世大大降低了光纤和接续的成本。它是用高度透明的聚苯乙烯或聚甲基丙烯酸甲酯（有机玻璃）制成的，制造成本低廉，相对来说芯径较大，与光源的耦合效率高，耦合进光纤的光功率大，挠曲性好，微弯曲不影响导光能力，配列、粘接容易，使用方便，成本低廉。但由于损耗较大，带宽较小，这种光纤只适用于短距离低速率通信，如短距离计算机网链路、船舶内通信等。目前以全氟化物的聚合物为基本组成的氟化塑料光纤正在宽带局域网中逐步使用。表 4-1 列出了目前主要应用和研究的光纤材料体系。

表 4-1　目前主要应用和研究的光纤材料体系

种　类	组成材料（代表例）	原　料	低损耗波长范围/μm
氧化物玻璃石英系	1）$SiO_2 + GeO_2 + P_3O_4$ 2）$SiO_2, SiO_2 + F, SiO_2 + B_3O_4$	$SiCl_4$，$GeCl_4$，$POCl_3$ $SiCl_4$，SF_6，熔融石英	0.37~2.4

续表 4 - 1

种类	组成材料（代表例）	原 料	低损耗波长范围/μm
多元系	1）$SiO_2 + CaO + Na_2O + GeO_2$ 2）$SiO_2 + CaO + Na_2O + GeO_2$	$SiCl_4$，$NaNO_3$，$Ge(C_4H_8O)_4$ $Ca(NO_3)_2$，H_2BO_2	0.45 ~ 1.8
非氧化物玻璃氟化系	1）$ZrF_4 + BaF_2 + CdF_3$ 2）$ZrF_4 + BaF_2 + CdF_3 + AlF_3$	$ZrF_4 + BaF_2 + CdF_3$ $ZrF_4 + BaF_2 + CdF_3 + AlF_3 +$ $NH_4 \cdot HF_4$	0.40 ~ 4.3
硫属元素化合物	1）$As_{42}S$，$As_{38}S_3Se_{17}$ 2）$As_{40}S$	As，Ge S，Se	0.92 ~ 5.6 1.4 ~ 9.5
晶体卤化物单晶	1）$CsBr$，CsI	$CsBr$，CsI	—
卤化物多晶	1）$TiBrI$	$TiBrI$	—
塑料	1）D 化 PMMA 2）D 化 PMA	D 化 MMA D 化 MA	0.42 ~ 0.94

注：1）—芯纤；2）—护套。

4.3　光纤的衰减

光导通信的研究和实用化与光导纤维的低损耗密切相关。造成光纤衰减的主要因素有以下几个方面：（1）所有的光纤材料都存在瑞利散射和固有吸收等本征损耗。光纤内杂质吸收和散射造成光的损失，如玻璃材料中的杂质产生的光吸收是最大的光损耗，其中过渡金属离子特别有害。目前，由于玻璃材料的高纯度化，这些杂质对光导纤维的损耗影响已很小。（2）光纤弯曲时部分光纤内的光会因散射而损失掉，造成损耗。（3）光纤受到挤压时产生微小的弯曲而造成损耗。(4) 折射率不均匀也会造成损耗。（5）光纤对接时产生的损耗，如不同轴（单模光纤同轴度要求小于 0.8 μm）、端面与轴心不垂直、端面不平、对接心径不匹配和熔接质量差等。以上因素均容易影响光纤在传输过程中的损耗。石英玻璃光导纤维的优点是损耗低，当

光波长为 $1.0 \sim 1.7\mu m$（约 $1.4\mu m$ 附近），损耗只有 $1dB/km$，在 $1.55\mu m$ 处损耗最低，只有 $0.2dB/km$。高分子光导纤维的光损耗较高，只能短距离应用。

4.4 光纤的优点

光纤光缆是新一代的传输介质，与铜质介质相比，光纤无论是在安全性、可靠性还是网络性能方面都有很大的提高。除此之外，光纤传输的带宽大大超出铜质线缆，而且其支持的最大连接距离达 2km 以上，是组建较大规模网络的必然选择。光纤光缆具有以下优点：（1）光纤的通频带很宽，理论可达 30 亿兆赫兹。（2）具有抗电磁干扰能力，特别适合于强电磁辐射干扰的环境中应用。光纤之间相互干扰小。（3）质量轻，体积小，有利于敷设和运输。（4）光纤通信不带电，耐高温、耐潮湿、使用安全，可用于易燃、易爆场所。（5）使用环境温度范围宽。（6）耐化学腐蚀，使用寿命长。（7）光纤的传输损耗低、传输容量大。

4.5 光纤的应用

4.5.1 光纤通信——信息高速公路

光纤最广泛的应用是在通信领域。20 世纪 60 年代，激光的出现使得光通信获得迅速发展。作为光源的激光方向性强、频率高，是光通信的理想光源。其光波频带宽，与电波通信相比，能提供更多的通信通路，可满足大容量通信系统的要求。如直径不到 0.1mm 的光缆理论上可以同时传送 100 亿路的电话，100 万路高质量的电视节目，且不受电磁干扰，信息损失也极小。而一对直径为 0.65mm 的铜线仅能同时提供 24 路电话，一条直径为 76.2mm 包括 22 个铜轴管的铜轴电缆，也只能同时传送 4 万路电话或 23 个电视频道的节目。另外，利用铜或其他金属导线，将会占据很大的空间，而且价格高，还会受到电磁的干扰。采用光纤可以大大节约成本。如 1kg 高纯度的石英玻璃可以拉制出上万千米的光导纤维，而制造 100km 的 1800 路电话的铜轴电缆需要耗铜 12t、铅 50t，光缆的直径仅是铜轴电缆的 1/50 ~ 1/250，其质量仅为后者的 1%。由于体积小，质量轻，可沿电缆同孔敷设，节省了管道建设费用，长途干线用光缆代替电缆，可节省 30% 的费用。

4.5.2　医用内窥镜

光纤具有柔软、灵活、可以任意弯曲等优点，利用光纤制备的内窥镜可以帮助医生检查食道、直肠、膀胱、子宫、胃等处的疾病，如可以将光纤制备的内窥镜通过食道插入胃里，由光纤把胃里的图像传出来，医生就可以看见胃里的情形，然后根据情况进行诊断和治疗。光纤内窥镜也可导入心脏，测量心脏中的血压、血液中氧的饱和度、体温等。

4.5.3　照明和光能传送

利用光纤可以实现一个光源多点照明，如利用塑料光纤光缆传输太阳光作为水下、地下照明。由于光导纤维柔软易弯曲变形，可做成任何形状，而且耗电少、光质稳定、光泽柔和、色彩广泛，是未来的最佳灯具，如与太阳能的利用结合起来将成为最经济实用的光源。此外，还可在易燃、易爆、潮湿和腐蚀性强的不宜架设输电线及电气照明的环境中作为安全光源，也可用作火车站、机场、广场、证券交易场所等大型显示屏幕以及防燃防爆灯等特种照明和警告装置等。

此外，在国防军事上可以用光纤来制成纤维光学潜望镜，装备在潜艇、坦克和飞机上，用于侦察复杂地形或深层屏蔽的敌情。在工业方面，利用光纤传输激光进行机械加工，还可制成各种传感器用于测量压力、温度、流量、位移、光泽、颜色、产品缺陷等，也可用于工厂自动化、办公自动化、机器内及机器间的信号传送、光电开关、光敏元件等。光导纤维的特性决定了其广阔的应用领域，广泛地应用在工业、国防、交通、通信、医学和宇航等各个领域。总的来说，光纤通信技术的进步是信息社会的需要，是经济发展的必然。

知 识 拓 展 ∼∼∼∼∼∼∼∼∼∼∼∼∼∼∼∼∼∼

光纤的发现

1870 年的一天，英国物理学家丁达尔到皇家学会的演讲厅讲光的全反射原理，他做了一个简单的实验：在装满水的木桶上钻一个孔，然后将灯放在桶上边把水照亮，结果使观众们大吃一惊。人们看到，放光的水从水桶的小孔里流了出来，水流弯曲，光线也跟着弯曲，光居然被弯弯曲曲的水俘获了（见图 4-4）。这是为什么呢？难道光线不再沿着直线传播了吗？原来这是光发生全反射的作用，即光从水中射向空气，当入射角大于某一角度时，折射光线消失，全部光线都反射回水中。表面上看，光好像在水流中弯曲前进。实际上，在弯曲的水流里，光仍沿直线传播，只不过在内表面上发生了多次全反射，光线经过多次全反射向前传播。

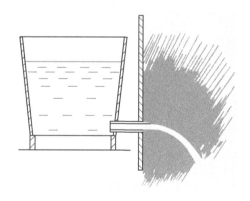

图 4-4 光纤原理示意图

1966 年 7 月，英籍华裔学者高锟博士从理论上分析证明了用光纤作为传输媒体以实现光通信的可能性，并设计了通信用光纤的波导结（即阶跃光纤），更重要的是他科学地预言了制造通信用的超低耗光纤的可能性。高锟的发明使信息高速公路在全球迅猛发展，这是他始料不及的。他因此获得了巨大的世界性声誉，被冠以"光纤之父"的称号。

　　1970 年美国康宁玻璃公司根据高锟文章的设想制造出当时世界上第一根超低耗光纤，实现低衰耗传输光波的理想传输媒体是光通信研究的重大实质性突破。此后，世界各发达国家对光纤通信的研究倾注了大量的人力与物力，其来势之猛，规模之大、速度之快远远超出了人们的意料，从而使光纤通信技术取得了极其惊人的进展。

思 考 题

4-1　什么是光纤，它与光缆的区别是什么？

4-2　光缆有哪些基本的结构？

4-3　请尝试说明光纤是如何传输图像的？

4-4　光纤与传统的信息传输模式相比有哪些优势？

5 磁 性 材 料

关键词：磁性材料，磁场，磁通密度，软磁材料，硬磁材料，磁记录材料，磁功能材料，磁悬浮，巨磁阻

磁是什么？一般人会觉得磁较为少见。因为物质的磁性既看不到，也摸不着，我们无法通过自己的五种感官（听觉、视觉、味觉、嗅觉、触觉）直接感受磁性的存在。平时能接触到的主要就是磁石或磁铁吸引铁，情况真是这样的吗？现代科学的发展已经表明，这样的看法是不对的。我们的生活与磁性材料息息相关。没有它，我们就无法看电视、听收音机、打电话；没有它，连夜晚甚至都是一片漆黑。比如发电需要的发电机，输送电力用的变压器，电力机械中使用的电动机，各种仪器仪表中的磁钢线圈结构。我们所使用的许多家用电器中也都用到了磁性材料，如电冰箱、洗衣机、音响设备、移动电话、微波炉、吸尘器等，它们的工作都借助了磁性材料所产生的磁力。不仅如此，连电力本身，也是利用磁体的磁力产生出来的。总之，如果没有磁性材料，就不可能实现电气化，也不会有今天我们享受到的这种舒适的生活。

5.1 基 本 概 念

磁性材料主要是指由过渡族元素铁、钴、镍及其合金等组成的能够直接或间接产生磁性的物质。磁性材料可以说既古老又新颖，它的发现十分久远，它的应用如指南针创造了古代文明。随着科学技术的进步，磁性材料的发展也十分迅速，原有的一些传统材料性能在不断提高和改进的同时，更多的新型磁性材料和磁效应材料不断地被大量研制出来。

5.2 磁学的发展历史

早在公元前 3000 年，古人就已经知道自然界有一种神奇的石头具有能够吸住铁器的力量，并把这种神奇的石头称为"磁石"，俗称"吸铁石"。他们对这种力量既感到神秘，又十分敬畏。在古希腊，人们把天然的磁石看作"圣石"，认为磁石作用于物体的那种"磁力"十分神秘。当时，普遍流行着一种"用磁石驱魔避邪"的巫术。古希腊哲学家柏拉图甚至认为磁体的这种磁力是神灵的力量。那种天然磁体其实是一种叫做"磁铁矿"的黑色岩石。人类后来终于还是从科学上逐渐认识了磁体。

从科学上认识磁体经历了漫长的时间。在很长一个时期，人们曾经把摩擦所产生的静电力与磁体所产生的磁力误认为是同一种力。直到 1600 年，英国医生威廉·吉尔伯特（1544～1603）才终于搞清楚它们其实是两种不同的现象，并出版了一本《论磁石》的著作，介绍了他对磁石所做的科学实验，论述了磁力的存在，从而在科学上认识了磁体。磁体产生磁力的这种性质，就叫做"磁性"。那以后，许多科学家继续对磁力进行研究。

在认识到可以自由转动的条形磁体具有始终指向某一个特定方向的性质之后，人们开始用天然磁石制成指示方向的指南针。根据古籍文献的记载，中国早在公元 1 世纪的时候就已经利用磨制成汤勺形的磁铁矿确定方位（见图 5-1）。到了 12 世纪，这种用来指示方位的天然磁石经过改进，成了在大海中航行必备的一种导航工具"罗盘"，并在其后发现和开拓新大陆的航行中发挥了巨大作用。进入 19 世纪以后，由于知道了电和磁之间的联系，科学家对磁性的兴趣大增，开始积极开发能够制成磁性更强的磁体的磁性材料的研究工作。1917 年，日本物理学家本多光太郎首先研制成功 KS 钢，那是当时磁性最强的一种永磁材料，用这种人造磁性材料做成的磁体能够吸住的铁块的质量是磁铁矿所能吸住铁块质量的 100 倍以上。在 10 多年前，提起磁体，人们想到的还仅是它们能够吸引铁的性质，现在钕铁硼永磁体，不仅能够吸引铁，甚至能够移动黄瓜和铅笔芯等其他物体。在这大约100年中，磁性材料的性能有了飞速的发展。

图 5 - 1　司南

5.3　磁学基本概念

在我们常见的家用电器中磁体的磁力是普遍使用的一种力——例如在耳机中，就利用了磁体作用于铁片的磁力使其振动而发出声音。那么，磁力具有哪些性质呢？磁体如何施加磁力，这是肉眼看不见的。但是，如果把一块磁体置放在铁粉中，则可以间接看见它的"磁力"（见图 5 - 2）。这时，铁粉排列成由许多线条所构成的花纹。这些线条就称为磁场线（也称磁力线）。能够看见这些线条，是由于在这些线条上的每一点都有沿线条方向作用于铁粉的磁力。磁体周围这个有磁力的空间，称为磁场。铁粉所显示的磁场线聚集在磁体的两端。每根磁场线都从磁体的 N 极发出，划出一条弧线，最后回到 S 极（见图 5 - 3）。这里所说的磁场线"发出"和"回到"，不过是为了方便人为约定的一种表示磁场线上作用力指向的用语，并非磁场线真的有运动。

磁体周围某处磁场线的密度（称为磁通密度，或者磁感应强度）代表了此处的磁力强度，亦即具有的磁力的大小。磁场线越密集，也就是根数越多，磁力便越强。在磁疗仪器一类设备上用来标明性能数值的"T"或者"Gs"，就是磁通密度的单位（1T = 10000Gs）。比如电冰箱中所用的磁体（铁氧体）附近所产生的磁通密度大约是 0.2T；最强的钕铁硼磁体，附近所产生的磁通密度大约是 1T。

磁场线的性质非常像绷紧的橡皮筋，经常处在一种倾向于收缩的

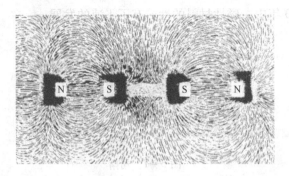

图 5 - 2　磁力

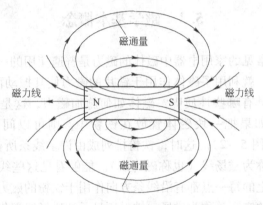

图 5 - 3　磁场

状态。磁场线之间彼此相斥，绝不会交叉、弯折或者分叉。正因为如此，我们所看见的磁场线总是在磁体的周围呈现为弧形。如果将一块磁体的 N 极与另一块磁体的 S 极彼此靠近放置，两者的磁场线会衔接起来，也像橡皮筋那样收缩。但是，两块磁体，如果把两者的 N 极彼此靠近或者把两者的 S 极彼此靠近，则两者的磁场线不会连接起来，反而要彼此排斥。

　　在磁体的周围撒上铁粉，我们就可以看见从 N 极和 S 极向外伸出的磁场线。那么，如果把一块磁体弄碎，这些磁场线又会变成什么样子呢？难道不是可以得到仅有 N 极或者仅有 S 极的磁体吗？事实上，如果将一块磁体对半分割为两块，其中每一个半块上都仍然同时具有 N 极和 S 极。那么，如果分割成更多的小碎块，结果又将如何？
原来，无论将一块磁体分割为多么小的碎块，这许多碎块中的每一块
仍然都具有 N 极和 S 极。

我们知道，一切物质都是由原子构成的，磁体也是如此。即使将
一块磁体分割至只有原子大小，这每一个原子仍然同时具有 N 极和 S
极（如同一个小磁体，一般称为原子磁矩），保持有磁性。观察更小
的结构，原子又是由原子核和电子构成的。每一个电子都同时具有 N
极和 S 极（"电子磁矩"，即电子的自旋磁矩，见图 5-4）。追根究
底，这种可以说是"电子磁体"的电子磁矩就是一切磁力的基础。
由于电子不能再继续分割，因此，任何磁体都必定同时具有 N 极和 S
极。只有 N 极的磁体，或者只有 S 极的磁体，在地球上是不存在的。

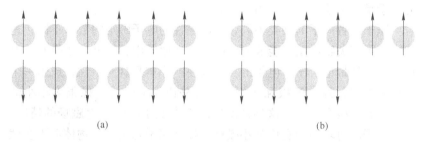

(a)   (b)

图 5-4　电子磁矩

如前面所介绍的，磁体之所以具有磁性，根本原因在于电子。一
切物质都包含有电子。那么，为什么有的物质能够成为磁体，而有的
物质却不能成为磁体呢？区别在于不同物质内电子磁矩的取向方式
不同。

电子在原子核的周围只能够存在于像洋葱皮层那样的不同壳层
中，这些壳层称为电子壳层。不同的电子壳层上具有数目确定的、可
以为电子所占据的"席位"。电子就存在于这些"席位"上。电子占
据这些席位要遵循一定的规则。在一个电子壳层上可以有多个电子的
场合，如果已经有一个电子，其电子磁矩的 N 极向上占据了一个席
位，那么下一个电子，其电子磁矩便只能够以 N 极向下占据下一个
席位。N 极向上的电子和 N 极向下的电子相邻，于是一个电子的 N

极与另一个电子的 S 极相邻，磁性被互相抵消。但是，相邻电子只能够以相反方向占据席位这个规则也有例外，那就是在从内向外数的第三电子壳层（M 壳层）上有一部分席位（第三轨道），占据其上的电子与其他部分的席位是分离开来的，占据这一部分席位的电子可以全都是以 N 极向上相邻。例如，我们单独来看具有强磁性的一个铁离子。离子是其电子数目多于或者少于相应原子的电子数目的粒子。铁离子比铁原子少 3 个电子，具有 23 个电子，铁离子的 9 个 N 极向上的电子和 9 个 N 极向下的电子从内向外、以交替取向的方式占据着壳层上相邻的席位，总共是 18 个电子，它们在总体上不会有对外作用的磁力，因而没有磁性。但是剩余的 5 个电子占据的是第三壳层上的席位，而且全都是 N 极向上。这 5 个电子磁矩将有对外作用的磁力，于是整个原子就显示出磁性。

原子或者离子的种类不同，显示磁性的电子磁矩的数目不同，这就决定了有关物质是否能够成为磁体。在原子中，核外电子带有负电荷，是一种带电粒子。电子的自转会使电子本身具有磁性，成为一个小小的磁铁，具有 N 极和 S 极。也就是说，电子就好像很多小小的磁铁绕原子核在旋转。这种情况实际上类似于电流产生磁场的情况。既然电子的自转会使它成为小磁铁，那么原子乃至整个物体会不会就自然而然地也成为一个磁铁了呢？当然不是。如果是的话，岂不是所有的物质都有磁性了？为什么只有少数物质（如铁、钴、镍等）才具有磁性呢？原来，电子的自转方向总共有上下两种。在一些物质中，具有向上自转和向下自转的电子数目一样多，如图 5-4（a）所示，它们产生的磁极会互相抵消，整个原子，以至于整个物体对外没有磁性。而对于大多数自转方向不同，电子数目也不同的情况，虽然这些电子的磁矩不能相互抵消，导致整个原子具有一定的总磁矩，但是这些原子磁矩之间没有相互作用，它们是混乱排列的，所以整个物体没有强磁性。只有少数物质（例如铁、钴、镍），它们的原子内部电子在不同自转方向上的数量不一样，这样，在自转相反的电子磁极互相抵消以后，还剩余一部分电子的磁矩没有被抵消，如图 5-4（b）所示。这样，整个原子具有总的磁矩。同时，由于一种被称为"交换作用"的机理，这些原子磁矩之间被整齐地排列起来，整个物体也就有了磁性。当剩余的电子数量不同时，物体显示的磁性强弱也不同。例如，铁的原子中没有被抵消的电子磁极数最多，原子的总剩余磁性最强。而镍原子中自转没有被抵消的电子数量很少，所有它的磁性比较弱。

反映磁性材料基本磁性能的有磁化曲线、磁滞回线和磁损耗等，其中磁化曲线是表征物质磁化强度或磁感应强度与磁场强度的依赖关系的曲线。当磁化磁场做周期的变化时，铁磁体中的磁感应强度与磁场强度的关系是一条闭合线，这条闭合线称为磁滞回线。磁性材料在磁化过程和反磁化过程中有一部分能量不可逆地转变为热，所损耗的能量称磁损耗。磁导率是磁性材料中磁感应强度与磁场强度之比，是表征磁性材料导磁性能的物理量。

5.4 磁性材料的分类

磁性材料从形态上讲，包括粉体材料、液体材料、块体材料、薄膜材料等。磁性材料按性质分为金属和非金属两类，前者主要有电工钢、镍基合金和稀土合金等，后者主要是铁氧体材料。按使用又分为软磁材料、永磁材料和功能磁性材料。功能磁性材料主要有磁致伸缩材料、磁记录材料、磁电阻材料、磁泡材料、磁光材料、旋磁材料以及磁性薄膜材料等，软磁材料、永磁材料、磁记录材料、矩磁材料中既有金属材料又有铁氧体材料，而旋磁材料和高频软磁材料就只能是铁氧体材料了，因为金属在高频和微波频率下将产生巨大的涡流效应，导致金属磁性材料无法使用，而铁氧体的电阻率非常高，将有效地克服这一问题，从而得到广泛的应用。

下面主要从应用上来介绍软磁材料、硬磁材料、磁记录材料等。

5.4.1 软磁材料

软磁材料是指加磁场容易磁化，但又容易退磁，即矫顽力很低的磁性材料。退磁是指在加磁场（称为磁化场）使磁性材料磁化以后，再加同磁化场方向相反的磁场使其磁性降低的磁场。软磁体极性是随所加磁场极性而变的。所谓的软是指这些材料容易磁化，在磁性上表

现 "软"。软磁材料的用途非常广泛。因为它们容易磁化和退磁，而且具有很高的磁导率，可以起到很好的聚集磁力线的作用，所以软磁材料被广泛用来作为磁力线的通路，主要用于导磁、电磁能量的转换与传输，例如用于变压器、传感器的铁芯、磁屏蔽罩、特殊磁路的轭铁、磁带录音、录像的磁头等。这里介绍几种常用的软磁材料和用它们做成的常见元器件。

5.4.1.1　硅钢片

硅钢是硅含量在3%左右、其他主要是铁的硅铁合金。硅钢片大量用于中低频变压器和电机铁芯，尤其是工频变压器。硅钢的特点是具有常用软磁材料中最高的饱和磁感应强度（2.0T以上），因此作为变压器铁芯使用时可以在很高的工作点工作（如工作磁感值1.5T）。但是，硅钢在常用的软磁材料中铁损也是最大的，为了防止铁芯因损耗太大而发热，它的使用频率不高，一般只能工作在20kHz以下。

5.4.1.2　坡莫合金

坡莫合金指铁镍合金，其镍含量的范围很广，在35% ~ 90%之间。坡莫合金具有高的磁导率，所以常用在中高频变压器的铁芯或者对灵敏度有严格要求的器件中，例如高频（数十千赫兹）开关电源变压器、精密互感器、漏电开关互感器、磁屏蔽、磁轭等。

5.4.1.3　软磁铁氧体

铁氧体是一系列含有氧化铁的复合氧化物材料（或者称为陶瓷材料）。铁氧体能够在很高的频率下（可以达到兆赫兹甚至更高）使用，但它的饱和磁感应强度低，因此不适合在低频下使用。铁氧体最广泛的用途是高频变压器铁芯和各种电感铁芯。

5.4.1.4　非晶软磁合金

非晶软磁材料是利用金属或合金的快速凝固，使原子来不及整齐排列，被冻结，迫使原子按类似于液体方式排列，排列混乱，材料磁畴没有方向性。非晶软磁材料中原子排列的特殊结构，使得非晶软磁材料具有一些独特的性质：低损耗、高磁导率以及当材料周围外加电场或磁场时显磁性，外加电场或磁场撤离后，材料磁性消失等特点。非晶软磁材料一般分为铁基非晶合金、铁镍基非晶合金、钴基非晶合金、纳米（超微晶）软磁合金材料四类。非晶软磁材料在电力系统中有着广泛的应用，主要用于配电变压器铁芯、电力互感器铁芯、开关电源变压器及电感铁芯、漏电开关互感器铁芯等。

5.4.2 硬磁材料

硬磁材料是指磁化后不易退磁而能长期保持其磁性的一种材料，也称为永磁材料（永磁体）或恒磁材料。一经外磁场磁化，即使在相当大的反向磁场作用下，仍能保持一部分或者大部分原磁化方向的磁性，如天然的磁石（磁铁矿）和人造磁钢（铁镍钴磁钢）等。它们不易失磁，也不易被磁化，如平时见到的磁铁，在外加磁场去掉后，仍能保留一定的剩余磁化强度。要使这样的物体磁性完全消除，必须加反向磁场。使铁磁质完全退磁所需要的反向磁场的大小，称为矫顽力。钢与铁都具有铁磁性，但它们的矫顽力不同，钢具有较大的矫顽力，而铁的矫顽力较小。这是因为在炼钢过程中，在铁中加了碳、钨、铬等元素，炼成了碳钢、钨钢、铬钢等。碳、钨、铬等元素的加入，使钢在常温条件下，内部存在各种不均匀性，如晶体结构的不均匀、内应力的不均匀、磁性强弱的不均匀等，这些物理性质的不均匀性都使钢的矫顽力增加，而且在一定范围内不均匀程度愈大，矫顽力愈大。但这些不均匀性并不是钢在任何情形下都具有的或已达到的最好状态，为使钢的内部不均匀性达到最佳状态，必须要进行恰当的热处理或机械加工。例如，碳钢在熔炼状态下，磁性和普通铁差不多。它从高温淬炼后，不均匀性才迅速增长，才能成为永磁材料。若把钢从高温慢慢冷却下来，或把已淬炼的钢在六七百摄氏度熔炼一下，其内部原子有充分时间排列成一种稳定的结构，各种不均匀性减小，于是矫顽力就随之减小，它就不再成为永磁材料了。

永磁材料是发现和使用最早的一类磁性材料。我国最早发明的指南器（称为司南）便是利用天然永磁材料磁铁矿制成的。现在的永磁材料不但种类很多，而且用途也十分广泛。当前常用的重要永磁材料有：（1）稀土永磁材料，这是当前最大磁能积最高的一大类永磁材料，以稀土族元素和铁族元素为主要成分的金属互化物（又称金属间化合物）。图 5-5 是我国研制和生产的钕铁硼稀土合金永磁材料。（2）金属永磁材料。这是一大类发展和应用都较早的以铁和铁族元素（如镍、钴等）为重要组元的合金型永磁材料，主要有铝镍钴（AlNiCo）系和铁铬钴（FeCrCo）系两大类永磁合金。铝镍钴系合金永磁性能和成本属于中等，发展较早，性能随化学成分和制造工艺而变化的范围较宽，故应用范围也较广。铁铬钴系永磁合金的特点是永磁性能中等，但其具有的力学性能，使其可进行各种机械加工及冷或热的塑性变形，可以制成管状、片状或线状永磁材料而供多种特殊应用。（3）铁氧体永磁材料。这是以 Fe_2O_3 为主要组元的复合氧化物强磁材料（狭义）和磁有序材料如反铁磁材料（广义）。其特点是电阻率高，特别有利于在高频和微波电子器件中的应用，如钡铁氧体和锶铁氧体等都有很多应用。除上述 3 类永磁材料外，还有一些制造、磁性和应用各有特点的永磁材料，例如微粉永磁材料、纳米永磁材料、胶塑永磁材料（可应用于电冰箱门的封闭）、可加工永磁材料等。

图 5-5　钕铁硼稀土永磁材料

永磁体为何可以长期保持其磁性呢？这一类几乎能够永久保持磁性的磁体的基本成分是铁。那么，我们是否可以把铁制的钉子也变成永磁体呢？当铁钉被一块磁体吸附住时，铁钉的尖端也可以吸住回形针等细小的铁制物品，也就是说，铁钉此时也具有磁体的性质。但是，只要把铁钉与磁体分离开来，吸附在铁钉尖端上的回形针马上就会掉落下来，也就是说，铁钉几乎不再具有磁性。

这是为什么呢？原来，成为永磁体的关键是永磁体内部那些原子磁矩的排列方式。在永磁体内部，几乎所有的原子磁矩总是整齐排列，保持它们的 N 极（或 S 极）取向一致。然而铁钉的内部却被分成为许多细小的区域，在每一个区域，原子磁矩具有相同的取向，但不同区域内的原子磁矩却有不同的取向。这一个个的小区域称为"磁畴"。如果只看这每一个磁畴，其中原子磁矩的取向是一致的，因而这每一个磁畴倒像是一块独立的磁体。但是，相邻的磁畴总是一个磁畴的 N 极与另一个磁畴的 S 极紧靠在一起，而 N 极和 S 极的磁场线相连，结果就没有磁场线延伸到物质的外部，因而不显示磁性。这就是说，在通常情况下铁原子同时处在两种状态。它们在同一个磁畴中，磁矩具有相同的取向，但在不同的磁畴中磁矩有不同的取向，因而不会有磁场线延伸到物质的外部显示磁性。

当铁钉吸附在磁体上时，铁钉内的原子磁矩受到外部磁体磁力的作用被强制转向一个方向。在铁钉脱离磁体以后，铁钉内的原子磁矩很快便改变方向，形成具有不同取向的许多磁畴。从整体看，铁钉便失去了磁性。那么，永磁体为什么又能够长期具有磁性呢？这是因为在永磁体内掺杂有其他种类的原子，它们能够阻止其中的原子磁矩改变取向。原子磁矩被这些掺杂的其他原子"锁住"了，无法改变方向，于是它们的 N 极（S 极）能够保持住原来一致取向的状态不变。掺杂了一定含量的某些元素，可以加强磁性元素的磁交换作用，从而增强磁性。钕铁硼磁铁中的硼即起这种作用。

加热永磁体能够使它的磁性消失。比如说将一块其上吸附有回形针的磁体放在厨房燃气灶的火苗上烘烤，不一会，磁体就会失去磁性，回形针掉落下来。加热磁体，当磁体温度升高到某一个特定温度时，磁体的磁性会完全消失，此后磁体冷却下来磁性也不会恢复。这是由法国科学家皮埃尔·居里（1859～1906 年）首先发现的一种现象。磁体失去磁性的这个温度值就按照他的姓氏命名，称为居里温度。这个温度取决于磁体的组成。例如铁氧体磁体的居里温度大约是460℃。最强的钕铁硼磁体的居里温度大约是310℃。

　　加热为什么会使磁体失去磁性呢？原来，加热磁体使得其中的原子磁矩作激烈运动，结果，它们能够挣脱锁定它们排列方向的其他种类原子的约束，改变方向而形成原子磁矩取向各不相同的许多磁畴。这时候即使降低温度，已有的磁畴状态保持不变，各个磁畴里原子磁矩的不同取向便被固定下来。那么，如何才能够使经过加热失去磁性的磁体恢复磁性重新变为磁体呢？办法是再一次加热失去磁性的磁体，使其中的原子作激烈运动，然后利用其他磁体的磁力来使失去磁性的磁体内的原子磁矩作取向一致的排列。在原子磁矩取向一致的状态下降低温度，失去磁性的磁体就会恢复磁性，重新成为磁体。

　　其实，这也就是制造磁体的方法。先把制造磁体的各种原料混合在一起，做成具有所需形状的半成品，然后加热。由于受热，半成品中的原子磁矩变得容易改变方向，此时用电磁体等向半成品施加磁力，并同时使之冷却，降低温度。这个过程称为"磁化"。经过磁化的半成品就变成了具有磁性的磁体。事实上，不论什么种类的磁体都是使用这种基本方法制造出来的。天然磁石也是通过类似的自然过程形成的。含有铁元素的岩石在火山爆发中被加热，然后自然冷却。在此过程中，其中的原子磁矩受到地球磁力（地球磁场）的作用整齐排列，并被固定下来。受到雷击被加热的含有磁性元素的岩石，冷却下来，也有可能形成天然磁体。

　　如何得到磁性更强的磁性材料呢？通过改变磁体的成分和结构来得到磁性更强的磁体的研究工作不断取得进展，尤其是在1983年发明的一种由钕、铁和硼为主要成分的钕铁硼永磁材料是最重要的磁性材料。这种材料是由当时在日本住友特殊金属株式会社工作的研究人员佐川真人（1943～）研制成功的。磁体的磁性强度用"最大磁能积"（磁体单位体积贮存的磁能量）表示，单位是"兆高奥斯特"（在标准单位制中为焦耳/米，此数值同时决定了从磁体向外伸出的磁场线的密度）。如前所述，如果仅仅是使铁原子作磁矩取向一致的整齐排列，虽然也能够暂时产生密度很大的磁场线，但是这些原子磁矩很快就会改变方向而失去磁性。长时间保持磁性也是对磁体的一项重要要求。磁力强，又能够长时间保持这种磁性，按照这个要求，钕铁硼永磁材料是目前最好的永磁性材料（见图5-5）。

把钕铁硼磁体靠近黄瓜段（这里是把黄瓜段插在用牙签和橡皮泥装配成的一个人形支架两臂的末端进行实验），黄瓜段被推开。在此实验中，改换成普通永磁体，是推不动黄瓜段的。钕铁硼磁体是磁性最强的永磁体，只有这种磁体才能够推动黄瓜段。水具有被磁力推开的性质，黄瓜段被推开，是因为其中含有大量的水分。如果在两臂的末端粘上糙米饭团，它们则会被钕铁硼磁体吸引，这是由于饭团中所含的铁成分被钕铁硼磁体吸引的缘故。把钕铁硼磁体靠近大面额纸币，纸币将被吸引飘浮起来。这是由于在印制纸币时使用了防伪磁性油墨，磁性油墨受到磁体吸引的缘故。把铅笔芯架在铅笔杆上进行实验，铅笔芯也会受到钕铁硼磁体的吸引而移动，这是由于铅笔芯内黏土所含的成分受到磁体作用的结果。手拿钕铁硼磁体紧贴硬币，然后迅速向上提起，能够将硬币带起来。快速移动的磁体在硬币内产生了瞬间流动的电流，这种电流产生的磁力与磁石的磁力相互作用，硬币暂时被磁体吸住。

从发现铁氧体永磁材料到今天，经过了90多年的时间才研制出钕铁硼永磁材料，使世界为之一变。体积相同的磁铁矿和钕铁硼磁体相比，后者能够吸起的铁块质量是前者的100倍以上。正是由于钕铁硼永磁材料得到普及，才会有今天如此小巧的移动电话和笔记本电脑。现在的钕铁硼永磁材料通过不断改进材料的配方和结构，性能正在接近它的极限。那么，今后是否还有可能研制出性能比钕铁硼材料更好的永磁材料呢？日本京都大学的小野辉男教授认为，"当然不能说没有这种可能，不过，为此就必须要找到完全不同的其他原子组合和材料结构"。永磁体今后的发展如何，今天还难以预料。

5.4.3 磁记录材料

磁记录材料是磁记录技术所用的磁性材料，包括磁记录介质材料和磁记录头材料（简称磁头材料）。在磁记录（称为写入）过程中，首先将声音、图像、数字等信息转变为电信号，再通过记录磁头转变为磁信号，磁记录介质便将磁信号保存（记录）在磁记录介质材料中。在需要取出记录在磁记录介质材料中的信息时，只要经过同磁记录（写入）过程相反的过程（称为读出过程），即将磁记录介质材料

中的磁信号通过读出磁头，将磁信号转变为电信号，再将电信号转变
为声音（类似电话）、图像（类似电视）或数字（类似计算机）（见
图 5 - 6）。

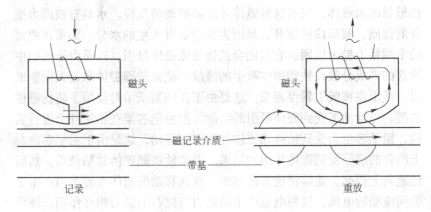

图 5 - 6　磁记录工作原理

　　磁头材料是由软磁材料构成，它具有：（1）高的磁导率 μ；
（2）高的饱和磁化强度 M_s；（3）低的矫顽力 H_c；（4）高磁稳定性、
高力学强度、高电阻率等特点。目前应用的磁记录头材料主要有：
（1）铁氧体磁头材料，如锰－锌－铁氧体（Mn，Zn）Fe_2O_4 系统等。
（2）高硬度磁性金属磁头材料，如铁－镍－铌（Fe－Ni－Nb）系磁
性合金等。（3）非晶磁头材料，如铁－镍－硼（Fe－Ni－B）系非晶
合金等。由于非晶磁性材料无晶界，故能避免磁头尖部的脱落，磁头
和磁带的摩擦噪声也比一般磁头小，音响效果优良且使用寿命长。
（4）磁性不同的多层膜组成的新的磁头材料。

　　磁记录介质由永磁材料构成，具有：（1）适当高的矫顽力 H_c；
（2）高的饱和磁化强度 M_s；（3）高的剩磁比；（4）高的稳定性。目
前应用的磁记录介质材料主要有：（1）铁氧体磁记录材料，如 γ 型
三氧化二铁（γ - Fe_2O_3）等；（2）金属磁膜磁记录材料，如铁－钴
（Fe－Co）合金膜等；（3）钡铁氧体（$BaFe_{12}O_{19}$）系垂直磁记录材
料等。如今人们广泛使用的磁带、磁盘、磁卡就属于磁记录
介质。

5.4.4 特殊磁性能材料

除了我们常见的软磁材料、永磁材料和磁记录材料以外，在我们的生活中还有其他大量的磁性材料，它们性能不同、特点各异，在特殊领域发挥着重要作用。它们种类繁多，不可能——枚举，这里只介绍几个大家比较熟悉的例子。

5.4.4.1 旋磁材料

旋磁材料具有独特的微波特性。镁锰铁氧体、镍钢铁氧体及稀土石榴型铁氧体是主要的旋磁铁氧体材料。磁性材料的旋磁性是指在两个互相垂直的直流磁场和电磁波磁场的作用下，电磁波在材料内部按一定方向的传播过程中，其偏振面会不断绕传播方向旋转的现象。旋磁现象实际应用在微波波段，因此，旋磁铁氧体材料也称为微波铁氧体，主要用于雷达、通信、导航、遥测、遥控等电子设备中。

5.4.4.2 矩磁材料和磁泡材料

矩磁材料有 Mn – Zn 铁氧体和温度特性稳定的 Li – Ni – Zn 铁氧体、Li – Mn – Zn 铁氧体。矩磁材料具有辨别物理状态的特性，如电子计算机的 1 和 0 两种状态，各种开关和控制系统的"开"和"关"两种状态及逻辑系统的"是"和"否"两种状态等。几乎所有的电子计算机都使用矩磁铁氧体组成高速存储器。另一种新近发展的磁性材料是磁泡材料。这是因为某些石榴石型磁性材料的薄膜在磁场加到一定大小时，磁畴会形成圆柱状的泡畴，貌似浮在水面上的水泡，泡的"有"和"无"可用来表示信息的 1 和 0 两种状态。由电路和磁场来控制磁泡的产生、消失、传输、分裂以及磁泡间的相互作用，即可实现信息的存储记录和逻辑运算等功能，在电子计算机、自动控制等科学技术中有着重要的应用。该类材料主要用于信息记录、无节点开关、逻辑操作和信息放大。

5.4.4.3 稀土超磁致伸缩材料

当外场发生变化时，磁性材料的长度和体积都要发生微小的变化，这种现象称为磁致伸缩，其中长度的变化称为线性磁致伸缩，体积的变化称为体积磁致伸缩。体积磁致伸缩比线性磁致伸缩要弱得多，一般提到磁致伸缩均指线性磁致伸缩。既然磁性材料随着磁化状态的不同会产生伸缩，那么如果把它们用交变磁场磁化，它们便会产生机械振动。这样，电磁能就转化成了机械能。这种性质已经被用来制造各种能量转换器件，例如超声波发生器、传感器等。利用这种磁致伸缩的特点，可以制造多种能量变换器件，将电磁能量转化为机械能或者相反。例如：

（1）声纳：一般的声纳发射频率都在 2kHz 以上，但是低于此频率的低频声纳有其特殊的优越性：频率越低、衰减越小、声波就传得越远，同时频率低受到水下无回声屏蔽的影响就越小。Terfenol – D 材料制作的声纳可以满足大功率、小体积、低频率的要求。

（2）电 – 机换能器：主要用于小型受控动作器件——制动器，它们用于汽车、飞机、航天器、机器人、精密机床、精密仪器、计算机、光通信、印刷领域等。图 5 – 7 所示为超声波治疗仪。

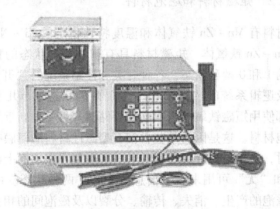

图 5 – 7 超声波治疗仪

（3）传感器和电子器件：如袖珍测磁仪，探测位移、力、加速度的传感器以及可调谐的表面声波器件等，后者用于雷达、声纳的相位传感器和计算机的存储元件。

5.4.4.4　磁性塑料

顾名思义，磁性塑料是带有磁性的塑料制品。普通的塑料没有铁磁性，但是利用特殊的方法可以形成铁磁性的塑料：一是设法改变塑料的成分，使得它们具有磁性；二是在普通的塑料中添加磁性粉末，成为复合的磁性塑料。这种方法制造的磁性塑料已经在我们的生活中大量应用。复合型磁性塑料主要由树脂及磁粉构成，树脂起黏结作用，磁粉是磁性的来源。用于填充的磁粉主要是铁氧体磁粉和稀土永磁粉。复合型磁性塑料按照磁特性又可分为两大类：一类是磁性粒子的易磁化方向是杂乱无章排列的，称为各向同性磁性塑料，性能较低，通常由钡铁氧体作为磁性材料。另一类是在加工过程中通过外加磁场或机械力，使磁粉的易磁化方向顺序排列，称作各向异性磁性塑料，使用较多的是锶铁氧体磁性塑料。

磁性塑料的主要优点是：密度小、耐冲击强度大，可进行切割、切削、钻孔、焊接、层压和压花纹等加工，使用时不会发生碎裂，它可采用一般塑料通用的加工方法（如注射、模压、挤出等）进行加工，可加工成尺寸精度高、薄壁、复杂形状的制品，可成型带嵌件制品，实现电磁设备的小型化、轻量化、精密化和高性能化。磁性塑料可以用于许多器件，如：

（1）音像器材：磁带录音机用耦合器、电唱机用旋转变压器、电视接收机及计算机显示器、显像管、磁带录像机旋转磁头用马达及传感器、CD 和 VCD 机的驱动马达、开门电机、耳机磁体及扬声器磁体。

（2）家用电器：电冰箱、冷藏库、消毒柜、浴室等的门封磁条、洗衣机排水阀电机、定时器电机、电饭锅管座、电视机、录像机、电冰箱、洗衣机、吸尘器等电器的零部件。

（3）计算机及办公用品：软盘驱动器电机、打字机送纸马达、冷却轴流风机、CRT 显示校正装置、静电复印机的显影磁辊、清洗磁辊、传真机中的磁辊、激光打印机磁辊。

（4）机械制品：钟表中的步进电机、工件固定永磁体、工业机器人用磁传感器、磁控开关、步进电机。

（5）汽车部件：汽车无触点分电器磁垫圈、燃料喷射泵用步进电机、防振贴板。

（6）医疗卫生、文化用品：磁疗保健品、磁疗床垫、磁疗转子、卫生肥皂盒、磁性绘图板、学生教具、广告、文具、磁性显示黑板；家具中的门扣、各种磁性玩具等。

5.4.4.5　磁性液体（磁流体）

通常我们见到的铁磁性物体都是固体，但是利用人工的方法可以制造出磁性的液体。所谓磁性液体（也称为磁流体）实际上是把磁性的粉末和某种液体采用特殊方法混合制成的。由于它们是铁磁性的，又是可以流动的液体，因此具有某些特殊的应用价值。例如，磁流体可以用在运动机械零件的密封、润滑以及阻尼等，利用磁流体发电也是人们研究较多的课题之一。

5.4.4.6　多功能磁性功能材料

当代科学的多方面发展和高新技术的多种需要，要求磁性材料不仅具有优良的磁性功能，而且具有优良的其他物理功能，这就促进了多功能磁性功能材料的发展。例如，（1）同时具有铁磁性和铁电性的铁磁-铁电功能材料，可以得到高的磁导率和电容率（介电常数），如 $BiFeO_3$（Ba，Pb）（Ti，Zr）O_3 系材料。（2）同时具有铁磁性和半导体的铁磁-半导功能材料，可以得到高的磁导率和高的载（电）流子迁移率，如铕-硫（Eu-S）系和铕-硒（Eu-Se）系材料。（3）磁-电材料，它是一类由磁场可产生磁化强度和电极化强度，由电场可产生电极化强度和磁化强度的磁性材料，如 $DyAlO_3$ 和 $GaFeO_3$。（4）铁磁-有机材料，它是一类不含磁性金属的纯有机化合物磁性材料，如聚三氨基苯 $[C_6H_5(NH_3)_n]$ 等。可以说多功能磁性材料是正在发展和扩大的新型磁性材料。这些多功能磁性材料从广义看包含多功能的铁磁、亚铁磁和反铁磁材料，可统称为多功能序磁（磁有序）材料，同样，电偶极矩有序也包含铁电、亚铁电和反铁电有序，统称为序电（电有序）。

5.4.4.7 智能磁性材料

前面介绍的几类磁性材料都是具有磁性功能的材料，这些材料虽然具有多种特性和多种用途，但对于周围环境只是被动地适应，而不能具有一种或多种像人那样能感知环境变化并作出反应和响应的智慧功能（简称智能）。当代科学技术的进一步发展，研制出了具有类似人的智能的、新型的包括磁性材料在内的智能材料，并在高新技术等许多方面得到应用。在具有强磁性或含有强磁性元素的智能磁性材料中，研究出了具有形状记忆智能的磁智能材料，并得到或将得到重要的应用。例如，利用镍－钛（Ni－Ti）系形状记忆智能磁性材料研制试验了宇宙飞船的无线电通信天线。首先将 Ni－Ti 合金丝加热到65℃，使其转变为奥氏体物相，然后将合金丝冷却，冷却到65℃以下，合金丝转变为新的物相马氏体。在室温下将马氏体合金丝切成许多小段，再把这些合金丝弯成天线形状，并将天线中各小段相互交叉处焊接固定，然后把天线压成小团，使天线的线度减小到十分之一，以便于宇宙飞船携带。当需要使用天线时，只需把天线小团加热到77℃，使马氏体完全转变为奥氏体，天线便会自动张开，完全恢复天线原来的大小和形状。从这个例子可以看出形状记忆智能磁性材料的重要应用。此外，形状记忆智能磁性材料还可应用于飞机的输液管道密封接头、多种电子装置和卫星闭锁装置、医学上人工肢体关节接合器和骨骼折断部分接合器等。形状记忆智能磁性材料还有铁－铂（Fe－Pt）系、铁－镍（Fe－Ni）系、镍－铝（Ni－Al）系等合金系统。

5.5 磁性材料的应用

磁性材料是一种重要的电子材料，它的应用很广泛，可用于电声、电信、电表、电机中，还可作记忆元件、微波元件等，可用于记录语言、音乐、图像信息的磁带，计算机的磁性存储设备，乘客乘车的凭证和票价结算的磁性卡等。磁性材料在数不清的行业和领域都有应用。

5.5.1 传统工业

在讲述磁性材料和磁性器件时，我们已经提到了有些磁性材料的实际应用。实际上，磁性材料已经在传统工业的各个方面得到了广泛应用，例如，如果没有磁性材料，就不可能有电气化，因为发电要用到发电机，输电要用到变压器，电力机械要用到电动机，电话机、收音机和电视机中要用到扬声器，众多仪器仪表都要用到磁钢线圈结构。

5.5.2 生物界和医学界

信鸽爱好者都知道，如果把鸽子放飞到数百千米以外，它们还会自动归巢。鸽子为什么有这么好的认路本领呢？原来，鸽子对地球的磁场很敏感，它们可以利用地球磁场的变化找到自己的家。如果在鸽子的头部绑上一块磁铁，鸽子就会迷航。如果鸽子飞过无线电发射塔，强大的电磁波干扰也会使它们迷失方向。

在医学领域，现在经常会使用一种称为 MRI（Magnetic Resonance Imaging，核磁共振成像）的诊断设备来检查人体内是否有癌变（见图5-8），这种设备利用电磁体所产生的磁场来观测我们身体的内部。它依据的原理是，观测身体内水分所含有的氢原子核的分布来观察体内组织的状况。我们知道，一个原子核在特定的磁场中受到具有特定频率的电磁波的照射时，该原子核将吸收电磁波，出现一种称为"进动"的运动（类似旋转的陀螺在将要停止旋转时所出现的那种摇摆运动），并产生新的振动电场。这种现象就称为"核磁共振"。医学所使用的 MRI，大多选用的是强度为1.5T的磁场。此时用频率为64MHz 的电磁波照射，人体内的氢原子核便会吸收这种电磁波，并在其周围产生新的振动磁场。这种振动磁场对应的电磁波是接近于调频广播（FM）频率的一种无线电波（80MHz左右），观测氢原子核所产生的这种振动磁场，就可以知道氢原子核在人体内的分布。另外，我们知道人体正常细胞内的氢原子核和癌细胞内的氢原子核在相同条件下所产生磁场的振动的衰减时间是不同的。利用衰减时间的这种差异，在测出产生磁场的原子核所在位置的同时，测得它们各自所产生的磁场的振动时间，便可以检查出体内是否存在着癌细胞和癌细胞所在的位置。在实际检查中，把 MRI 所得到的振动磁场信息输入计算机，经过处理后在显示屏上显示出影像，供医生分析做出诊断。核磁共振已应用于全身各系统的成像诊断。效果最佳的是颅脑、脊髓、心脏大血管、关节骨骼、软组织及盆腔等。对心血管疾病不但可以观察各腔室、大血管及瓣膜的解剖变化，而且可做心室分析，进行定性及半定量的诊断，可作多个切面图，空间分辨率高，可显示心脏及病变全貌以及其与周围结构的关系，优于 X 线成像、二维超声、核素及 CT 检查。发现核磁共振原理，并根据这个原理开发出层析成像技术的 4 位科学家后来都荣获了诺贝尔奖。

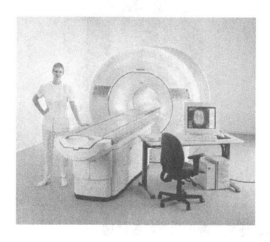

图 5-8　核磁共振诊断设备

磁不仅可以诊断，而且能够帮助治疗疾病。磁石是古老中医的一味药材。现在，人们利用血液中不同成分的磁性差别来分离红细胞和白细胞。另外，磁场与人体经络的相互作用可以实现磁疗，在治疗多种疾病方面有独到的作用，已经有磁疗枕、磁疗腰带等。用磁铁做成的除铁器可以去除面粉等中可能存在的铁末，磁化水可以防止锅炉结垢，磁化种子可以在一定程度上使农作物增产（见图 5-9）。

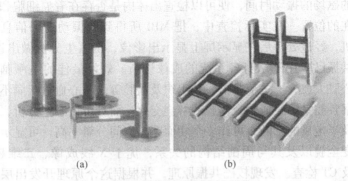

图 5-9　磁化器、除铁器和磁化水杯
(a) 磁化器；(b) 除铁器；(c) 磁化水杯

5.5.3　天文、地质、考古和采矿等领域

在图片上我们都见过灿烂的北极光。我国自古代就有了北极光的记载。北极光实际上是太阳风中的粒子和地磁场相互作用的结果。太阳风是由太阳发出的高能带电粒子流。当它们到达地球时，与地磁场发生相互作用，就好像带电流的导线在磁场中受力一样，使得这些粒子向南北极运动和聚集，并且和地球高空的稀薄气体相碰撞，结果使气体分子受激发，从而发光。太阳黑子是太阳上磁场活动非常剧烈的区域。太阳黑子的爆发对我们的生活会产生影响，例如使无线电通信暂时中断等。因此，研究太阳黑子对我们有重要意义。

地磁的变化可以用来勘探矿床。由于所有物质均具有或强或弱的磁性，如果它们聚集在一起，形成矿床，那么必然对附近区域的地磁场产生干扰，使得地磁场出现异常情况。根据这一点，可以在陆地、海洋或者空中测量大地的磁性，获得地磁图，对地磁图上磁场异常的区域进行分析和进一步勘探，往往可以发现未知的矿藏或者特殊的地质构造。不同地质年代的岩石往往具有不同的磁性。因此，可以根据岩石的磁性辅助判断地质年代的变化以及地壳变动。很多矿藏资源都是共生的，也就是说好几种矿物质混合在一起，它们具有不同的磁性。利用这个特点，人们开发了磁选机，利用不同成分矿物质的不同磁性以及磁性强弱的差别，用磁铁吸引这些物质，那么它们所受到的吸引力就有所区别，结果可以将混在一起的不同磁性的矿物质分开，实现了磁性选矿。

5.5.4 军事领域

磁性材料在军事领域同样得到了广泛应用。例如，普通的水雷或者地雷只能在接触目标时爆炸，因此作用有限。而如果在水雷或地雷上安装磁性传感器，由于坦克或者军舰都是钢铁制造的，在它们接近（无须接触目标）时，传感器就可以探测到磁场的变化使水雷或地雷爆炸，提高了杀伤力（见图 5-10（a））。

在现代战争中，制空权是夺得战役胜利的关键之一。但飞机在飞行过程中很容易被敌方的雷达侦测到，从而具有较大的危险性。为了躲避敌方雷达的监测，可以在飞机表面涂一层特殊的磁性材料，即吸波材料，它可以吸收雷达发射的电磁波，使得雷达电磁波很少发生反射，因此敌方雷达无法探测到雷达回波，不能发现飞机，这就使飞机达到了隐身的目的。这就是大名鼎鼎的"隐形飞机"。隐形技术是目前世界军事科研领域的一大研究热点。美国的 F117 隐形战斗机便是一个成功运用隐形技术的例子（见图 5-10（b））。

在美国的"星球大战"计划中，开发研究了一种新型武器——电磁武器。传统的火炮都是利用弹药爆炸时的瞬间膨胀产生的推力将炮弹迅速加速，推出炮膛。而电磁炮则是把炮弹放在螺线管中，给螺线管通电，那么螺线管产生的磁场对炮弹产生巨大的推动力将炮弹射出。这就是电磁炮，类似的还有电磁导弹等（见图 5-10（c））。

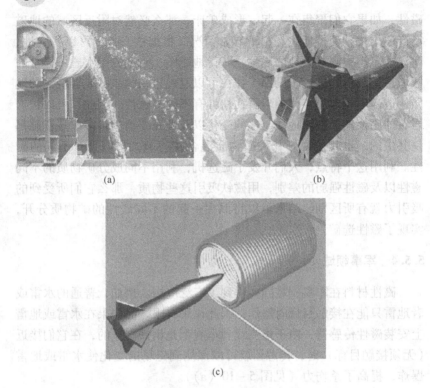

图 5 – 10　水雷（a）、隐形飞机（b）、电磁炮（c）

5.5.5　磁悬浮列车中的应用

　　当前许多国家都在为提高陆地交通运输的速度、减少甚至消除汽车燃料对环境的污染而进行着多方面的研究和试验。磁悬浮列车和磁储氢汽车的研究、试验和初步应用便是其中之一。目前一般火车的速度只有每小时约几十千米到上百千米，在多方面采取一些改善措施后可以提高到每小时约 200～300km 或稍高一些。但是由于火车速度越高，火车车轮与铁轨之间的摩擦也越大，这就限制了火车速度的进一步提高。如果能够使火车从铁轨上浮起来，消除了火车车轮与铁轨之间的摩擦，不就能大大地提高火车的速度吗？但是如何使火车从铁轨上浮起来呢？一般来说有两种可能的浮起方法。一种是气浮法，就是使火车向铁轨下的地面大量高速喷气而利用其反作用力把火车从铁轨上浮起，但这样会激扬起大量尘土和产生很大噪声，都会对环境造成尘土和噪声污染而不能采用。另一种是磁浮法，就是利用火车与铁路轨道之间的磁作用力使火车从铁轨上浮起来，这样既不会扬起尘土，也不会产生喷气噪声，因而是一种提高火车速度的好方法。那么磁浮列车（也称磁悬浮列车）是怎样工作的呢?

利用列车上磁铁与铁轨上磁铁的不同磁极性之间的磁吸引力而浮起，或是利用列车上磁铁与铁轨上磁铁的相同磁极性之间的磁排斥力而浮起（见图 5-11）。列车上磁铁与铁轨两侧的相同磁极性之间的磁排斥力则使列车保持居中位置，不致左右偏移。我国已建成的有四川都江堰市青城山旅游区和上海市浦东的磁悬浮列车等。磁悬浮列车所用的产生磁场的磁体或称磁铁可以是永磁体，一般是磁体或超导磁体或它们组合的复合磁体等。磁悬浮列车的优点较多，例如运行平稳、舒适性好、安全性高；速度调节范围宽，可适用于不同的距离和不同的要求；噪声低，既无铁轨与车轮的摩擦噪声，又无传动和滚动噪声；平时由计算机对电力和电子设备进行检测，不需要一般火车的机械等例行检修，故维护费用低。但是，修建磁悬浮铁路和制造磁悬浮列车的初投经费却是很高的。

图 5-11 磁悬浮列车

知 识 拓 展 ~~~~~~~~~~~~~~~~~~~~~~~

硬盘的工作原理

　　硬盘作为一种磁表面存储器，是在非磁性的合金材料表面涂上一层很薄的磁性材料，通过磁层的磁化来存储信息（见图 5 – 12）。这些磁性粉末被划分成磁道的若干个同心圆，在每个同心圆的磁道上就好像有无数的任意排列的小磁铁，它们分别代表着 0 和 1 的状态。当这些小磁铁受到来自磁头的磁力影响时，其排列方向会随之改变。利用磁头的磁力控制指定的一些小磁铁方向，使每个小磁铁都可以用来储存信息。硬盘主要由磁盘和磁头及控制电路组成。硬盘一开机，其磁盘就开始高速旋转。盘片在高速旋转下产生的气流浮力迫使磁头离开盘面悬浮在盘片上方，浮力与磁头座架弹簧的反向弹力使得磁头保持平衡。这样的非接触式磁头可以有效地减小磨损和由摩擦产生的热量及阻力。

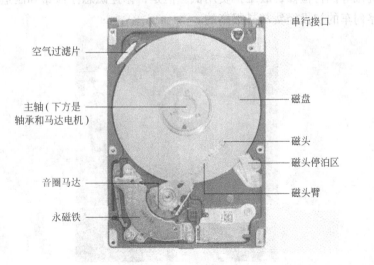

图 5 – 12　硬盘内部结构

　　硬盘的盘体由多个盘片组成，这些盘片重叠在一起放在一个密封的盒中，它们在主轴电机的带动下以很高的速度旋转，其转速达7200r/min甚至以上。硬盘的磁头用来读取或者修改盘片上磁性物质的状态，一般来说，每一个磁面都会有一个磁头，从最上面开始，从0开始编号。磁头在停止工作时，与磁盘是接触的，但是在工作时呈飞行状态。磁头采取在盘片的着陆区接触式启停的方式，着陆区不存放任何数据，磁头在此区域启停，不存在损伤任何数据的问题。读取数据时，盘片高速旋转，由于对磁头运动采取了精巧的空气动力学设计，此时磁头处于离盘面数据区 0.2~0.5μm 高度的飞行状态，既不与盘面接触造成磨损，又可读取数据。硬盘内的电机都为无刷电机，在高速轴承支撑下机械磨损很小，可以长时间连续工作。高速旋转的盘体产生了明显的陀螺效应，所以工作中的硬盘不宜运动，否则将加重轴承的工作负荷。硬盘磁头的寻道伺服电机多采用音圈式旋转或者直线运动步进电机，在伺服跟踪的调节下精确地跟踪盘片的磁道，所以在硬盘工作时不要有冲击碰撞，搬动时要小心轻放。

　　磁头和数据区是不会有接触的，所以不存在磨损的问题。另外，一开机硬盘就处于旋转状态，主轴电机的旋转可以达到7200r/min。那么，热量是怎么来的呢？首先是主轴电机和寻道伺服电机的旋转；其次是高速旋转的盘体和空气之间的摩擦。

巨磁阻效应

　　2007年10月16日，由瑞典皇家科学院颁发的诺贝尔奖项正式揭晓，物理学奖项由2位不同国籍的科学家共享殊荣，分别是法国科学家阿尔贝·费尔和德国科学家彼得·格林贝格尔，因为他们分别独立地发现了"巨磁阻效应"这一磁物理领域的特殊现象。诺贝尔奖项的颁奖典礼是科学界一年一度的顶级盛宴，当普通大众已经习惯于去仰视那些诺贝尔奖得主的杰出发现发明时，我们却意外地看到，当年的诺贝尔物理奖得主的获奖成果，离我们是如此之近。在我们背包中的笔记本电脑里，我们口袋中的音乐播放器上，都能找到这项技术的身影，分享这一伟大成果给我们日常生活带来的乐趣和便利。瑞典皇家科学院在评价这项成就时表示，今年的诺贝尔物理学奖主要奖励"用于读取硬盘数据的技术，得益于这项技术，硬盘在近年来迅速变得越来越小"。科学院委员博耶·约翰森则表示，"没有巨磁电阻效应的发现，你就不可能拥有一个 ipad"。同时，这项技术同时被认为是"前途广阔的纳米技术领域的首批实际应用之一"。诺贝尔评委会主席佩尔·卡尔松用两张图片的对比说明了巨磁阻的重大意义：一台1954 年体积占满整间屋子的电脑图片和一个如今非常普通、手掌般大小的硬盘图片。正因为有了这两位科学家的发现，单位面积介质存储的信息量才得以大幅度提升。目前，根据该效应开发的小型大容量硬盘已得到了广泛的应用。

正如一位中国科研人员所言："看看你的计算机硬盘存储能力有多大，就知道他们的贡献有多大了。"或许我们这才明白，司空见惯的笔记本电脑、MP3、U 盘等消费品，都闪烁着耀眼的科学光芒。诺贝尔奖并不总是代表着深奥的理论和艰涩的知识，它往往就在我们身边，在我们不曾留意的日常生活中。

（1）定义。

所谓巨磁阻效应，简单来说指在一个巨磁电阻系统中，非常弱小的磁性变化就能导致巨大的电阻变化的特殊效应。现在主流的硬盘制造技术都是以磁技术为基础的，随着数据量增长，硬盘正朝着小体积大容量的趋势发展。但是当硬盘单位体积内的容量磁记录密度到达一定的程度之后，硬盘设计和制造的厂商就面临如何将弱小的磁信号变化放大为清晰的电信号的棘手问题。因为硬盘向小体积高密度方向发展的同时，势必要求磁盘上每一个被划分出来的独立区域越来越小，这就导致了每个独立区域所能记录的磁信号也越来越弱。但是借助"巨磁电阻"效应，人们能够制造出更加灵敏的数据读出头，将越来越弱的磁信号读出来后因为电阻的巨大变化而转换成为明显的电流变化，使得大容量的小硬盘成为可能。

（2）发展历史。

早在 1988 年，费尔和格林贝格尔就各自独立发现了这一特殊现象：非常弱小的磁性变化就能导致磁性材料发生非常显著的电阻变化。那时，法国的费尔在铁、铬相间的多层膜电阻中发现，微弱的磁场变化可以导致电阻大小的急剧变化，其变化的幅度比通常高十几倍，他把这种效应命名为巨磁阻效应（Giant Magneto - Resistive，GMR）。有趣的是，就在此前 3 个月，德国优利希研究中心格林贝格尔教授领导的研究小组在具有层间反平行磁化的铁/铬/铁三层膜结构中也发现了完全同样的现象。由于实验条件略有差异，法国巴黎大学的费尔教授观测到了更为强烈的"巨磁效应"现象，德国尤利希研究中心的格林贝格尔教授虽然观测到的幅度较小，但却较早意识到这项发现的工业价值，并立即申请了专利。

众所周知，计算机硬盘是通过磁介质来存储信息的。一块密封的计算机硬盘内部包含若干个磁盘片，磁盘片的每一面都以转轴为轴心、以一定的磁密度为间隔划分成多个磁道，每个磁道又被划分为若干个扇区。磁盘片上的磁涂层是由数量众多的、体积极为细小的磁颗粒组成，若干个磁颗粒组成一个记录单元来记录 1 比特（bit）信息，即 0 或 1。磁盘片的每个磁盘面都相应有一个磁头。当磁头"扫描"过磁盘面的各个区域时，各个区域中记录的不同磁信号就被转换成电信号，电信号的变化进而被表达为 0 和 1，成为所有信息的原始译码。

最早的磁头是采用锰铁磁体制成的，该类磁头是通过电磁感应的方式读写数据。然而，随着信息技术发展对存储容量的要求不断提高，这类磁头难以满足实际需求。因为使用这种磁头，磁致电阻的变化仅为 1% ~ 2% 之间，读取数据要求一定强度的磁场，且磁道密度不能太大，因此使用传统磁头的硬盘最大容量只能达到每平方英寸 20 兆位。硬盘体积不断变小，容量却不断变大时，势必要求磁盘上每一个被划分出来的独立区域越来越小，这些区域所记录的磁信号也就越来越弱。

1997 年，全球首个基于巨磁阻效应的读出磁头问世。正是借助了巨磁阻效应，人们才能够制造出如此灵敏的磁头，能够清晰读出较弱的磁信号，并且转换成清晰的电流变化。新式磁头的出现引发了硬盘的"大容量、小型化"革命。如今，笔记本电脑、音乐播放器等各类数码电子产品中所装备的硬盘，基本上都应用了巨磁阻效应，这一技术已经成为新的标准。

　　阿尔贝·费尔和彼得·格林贝格尔所发现的巨磁阻效应造就了计算机硬盘存储密度提高50倍的奇迹。单以读出磁头为例，1994年，IBM公司研制成功了巨磁阻效应的读出磁头，将磁盘记录密度提高了17倍。1995年，宣布制成每平方英寸3GB硬盘面密度所用的读出头，创造了世界纪录。硬盘的容量从4GB提升到了600GB或更高。

　　正是依靠巨磁阻材料，才使得存储密度在最近几年内每年的增长速度达到3～4倍。由于磁头是由多层不同材料薄膜构成的结构，因而只要在巨磁阻效应依然起作用的尺度范围内，未来将能够进一步缩小硬盘体积，提高硬盘容量。

　　除读出磁头外，巨磁阻效应同样可应用于测量位移、角度等传感器中，可广泛地应用于数控机床、汽车导航、非接触开关和旋转编码器中，与光电等传感器相比，具有功耗小、可靠性高、体积小、能工作于恶劣的工作条件等优点。

　　来自剑桥大学的一位物理学家Tony Bland介绍说："这些材料一开始看起来非常玄妙，但是最后发现它们有非常巨大的应用价值。它们为生产商业化的大容量信息存储器铺平了道路。同时它们也为进一步探索新物理，比如隧穿磁阻效应（TMR：Tunneling Magnetoresistance）、自旋电子学（Spintronics）以及新的传感器技术奠定了基础。但是大家应该注意到的是：巨磁阻效应已经是一种非常成熟的旧技术了，目前人们感兴趣的问题是如何将隧穿磁阻效应开发为未来的新技术宠儿。"

　　巨磁阻效应的发现，让硬盘的体积不断缩小，容量不断变大。

思　考　题

5-1　磁性材料的定义是什么？

5-2　试比较软磁材料和硬磁材料的异同点。

5-3　磁记录的原理是什么，磁头和磁记录介质各是哪种磁性材料？

5-4　请尝试列举一些特殊的磁功能材料。

5-5　请阐述磁悬浮列车的工作原理和优点。

5-6　请问目前电脑中使用的硬盘是如何存储信息的？

6 超导材料

关键词：超导，超导材料，零电阻效应，完全抗磁性，约瑟夫逊效应，BCS理论

奇异的低温世界里隐藏着大量的奥秘，当温度逐步下降时，许多材料会发生有趣的物理变化。许多年来，人们一直试图把温度降下去，可是直到20世纪初，人们才如愿以偿，一步一步接近了自然界低温的极限——热力学温标零度（0K或−273℃）。1908年，荷兰科学家昂纳斯（H. K. Onnes，1853~1926年）成功地获得了4K的低温条件，把最后一个"永久气体"氦气液化。三年以后，他在测量一个固态汞样品的电阻与温度的关系时发现，当温度下降到4.2K附近时，样品的电阻突然减小到仪器无法觉察出的一个小值，这种现象称为超导电性。这一伟大的发现导致了一名新兴学科——超导的崛起。

6.1 基本概念

超导是超导电性的简称，它是指在温度和磁场都小于一定数值的条件下，金属、合金或其他材料电阻变为零的性质。超导材料是指具有在一定的低温条件下呈现出电阻等于零以及排斥磁力线性质的材料。现已发现有28种元素和几千种合金与化合物可以成为超导体。

6.2 特　　性

超导材料和常规导电材料的性能有很大不同，超导主要有以下特性。

6.2.1 零电阻效应

当温度下降到临界温度 T_c 时，材料的电阻完全消失，这种现象

称为超导的零电阻特性（见图6-1）。超导材料处于超导态时电阻为零，能够无损耗地传输电能。如果用磁场在超导环中引发感生电流，这一电流可以毫不衰减地维持下去。这种"持续电流"已多次在实验中观察到。

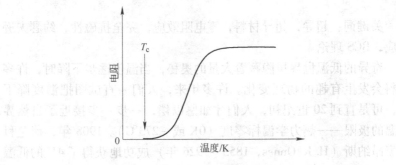

图6-1 零电阻效应

6.2.2 完全抗磁性

1933年，迈斯纳和奥克森菲尔德两位科学家发现，如果把超导体放在磁场中冷却，则在材料电阻消失的同时，磁感应线将从超导体中排出，不能通过超导体，这种现象称为抗磁性（见图6-2）。也就是说当超导材料处于超导态时，只要外加磁场不超过一定值，磁力线不能透入，超导材料内的磁场恒为零。

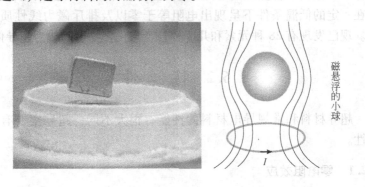

图6-2 完全抗磁性

6.2.3 约瑟夫逊效应

1962 年，年仅 20 多岁的剑桥大学实验物理研究生约瑟夫逊在著名科学家安德森指导下研究超导体能隙性质，他提出在磁场中的超导结，电子对可以通过两块超导金属间的薄绝缘层（绝缘层的厚度约为 1.0 ~ 3.0nm）形成无阻的超导电流，这种电子对穿过绝缘层的隧道效应称为超导隧道效应，也称直流约瑟夫逊效应（见图 6 – 3）。约瑟夫逊的这一重要发现为超导体中电子对运动提供了证据，使得对超导现象本质的认识更加深入。约瑟夫逊效应成为微弱电磁信号探测和其他电子学应用的基础。

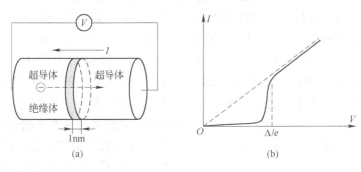

图 6 – 3 约瑟夫逊效应

这些特性成为超导材料在科学技术领域越来越引人注目的各类应用的依据。

6.3 BCS 理论

超导电性是一种宏观量子现象，只有依据量子力学才能给予正确的微观解释。按经典电子说，金属的电阻是由于形成金属晶格的离子对定向运动的电子碰撞的结果。金属的电阻率和温度有关，是因为晶格离子的无规则热运动随温度升高而加剧，因而使电子更容易受到碰撞。在点阵离子没有热振动（冷却到绝对零度）的完整晶体中，一个电子能在离子的行间作直线运动而不经受任何碰撞。

根据量子力学理论，电子具有波的性质，上述经典理论关于电子运动的图像不再正确。但结论是相同的，即在没有热振动的完整晶体点阵中，电子波能自由地不受任何散射（或偏析）地向各方向传播。这是因为任何一个晶格离子的影响都会被其他粒子抵消。然而，如果点阵离子排列的完整规律性有缺陷时，在晶体中的电子波就会被散射而使传播受到阻碍，这就使金属具有了电阻。晶格离子的热振动是要破坏晶格的完全规律性的，因此，热振动也就使金属具有了电阻。在低温时，晶格热振动减小，电阻率下降；在绝对零度时，热振动消失，电阻率也消失（除去杂质和晶格错位引起的残余电阻以外）。

由此不难理解为什么在低温下电阻率要减小，但还不能说明为什么在绝对零度以上几度的温度下，有些金属的电阻会完全消失。成功地解释这种超导现象的理论是巴登（J. Bardeen, 1908~1991 年）、库伯（L. N. Cooper, 1930~ ）和史雷夫（J. R. Schrieffer, 1931~ ）于1957 年联合提出的（现在称 BCS 理论）。根据这一理论，产生超导现象的关键在于在超导体中电子形成了电子对，称为"库伯对"（见图 6-4）。金属中的电子不是十分自由的，它们都通过点阵离子而发生相互作用。每个电子的负电荷都要吸引晶格离子的正电荷。因此，邻近的离子要向电子微微靠拢。这些稍微聚拢了的正电荷又反过来吸引其他电子，总效果是一个自由电子对另一个自由电子产生了小的吸引力。在室温下，这种吸引力是非常小的，不会产生任何效果。但是当温度低到接近绝对温度几度，热振动几乎完全消失，这种吸引力就

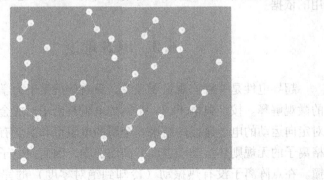

图 6-4　库伯对

大得足以使两个电子结合成对。

当超导金属处于静电平衡时（没有电流），每个"库伯对"由两个动量完全相反的电子所组成。很明显，这样的结构用经典的观点是无法解释的。因为按照经典的观点，如果两个粒子有数值相等、方向相反的动量，它们将沿相反的方向彼此分离，它们之间的相互作用将不断减小，因而不能永远结合在一起。然而，根据量子力学的观点，这种结构是有可能的。这里，每个粒子都用波来描述。如果两列波沿相反的方向传播，它们能较长时间地连续交叠在一起，因而就能连续地相互作用。在有电流的超导金属中，每一个电子对都有一个总动量，这个动量的方向与电流方向相反，因而能传送电荷。电子对通过晶格运动时不受阻力。这是因为当电子对中的一个电子受到晶格散射而改变其动量时，另一个电子也同时要受到晶格的散射而发生相反的动量改变，结果这个电子对的总动量不变。所以晶格既不能减慢也不能加快电子对的运动，这在宏观上就表现为超导体对电流的电阻是零。

6.4 超 导 材 料

超导材料按其化学成分可分为元素材料、合金材料、化合物材料和超导陶瓷。

6.4.1 超导元素材料

在常压下有 28 种元素具有超导电性，其中铌（Nb）的 T_c 最高，为 9.26K。电工中实际应用的主要是铌和铅（Pb，$T_c = 7.201$K），已用于制造超导交流电力电缆、高 Q 值谐振腔等。

6.4.2 合金材料

超导元素加入某些其他元素作合金成分可以使超导材料的全部性能提高。如最先应用的铌锆合金（Nb-75Zr），其 T_c 为 10.8K，临界磁场 H_c 为 8.7T。随后发展了铌钛合金，虽然 T_c 稍低了些，但 H_c 高得多，在给定磁场能承载更大的电流。Nb-33Ti 的 T_c 为 9.3K，H_c

为 11.0T；Nb –60Ti 的 T_c 为 9.3K，H_c 为 12T（4.2K）。目前铌钛合金是用于 7～8T 磁场下的主要超导磁体材料。铌钛合金再加入钽的三元合金，性能进一步提高，Nb –60Ti –4Ta 的性能是 T_c 为 9.9K，H_c 为 12.4T（4.2K）；Nb –70Ti –5Ta 的性能是 T_c 为 9.8K，H_c 为 12.8T。

6.4.3　超导化合物材料

超导元素与其他元素化合常有很好的超导性能。如已大量使用的 Nb_3Sn，其 T_c 为 18.1K，H_c 为 24.5T。其他重要的超导化合物还有 V_3Ga，其 $T_c = 16.8K$，$H_c = 24T$；Nb_3Al 的 T_c 为 18.8K，H_c 为 30T。

6.4.4　超导陶瓷

20 世纪 80 年代初，米勒和贝德诺尔茨开始注意到某些氧化物陶瓷材料可能有超导电性，他们的小组对一些材料进行了试验，于 1986 年在镧 – 钡 – 铜 – 氧化物中发现了 $T_c = 35K$ 的超导电性。1987 年，中国、美国、日本等国科学家在钡 – 钇 – 铜氧化物中发现 T_c 处于液氮温区有超导电性，使超导陶瓷成为极有发展前景的超导材料。超导陶瓷在诸如磁悬浮列车、无电阻损耗的输电线路、超导电机、超导探测器、超导天线、悬浮轴承、超导陀螺以及超导计算机等强电和弱电方面有广泛的应用前景。

6.5　超导的应用

高温超导技术应用前景广阔，从目前的研究情况来看，超导技术的应用可分成三类：一是用超导材料做成磁性极强的超导磁铁，用于核聚变研究和制造大容量储能装置、高速加速器、超导发电机和超导列车，以解决人类的能源和交通问题。二是用超导材料薄片制作约瑟夫逊器件，用于制造高速电子计算机和灵敏度极高的电磁探测设备。三是用超导体产生的磁场来研究生物体内的结构及用于对人的各种复杂疾病的治疗。以下就从这三个方面来介绍超导技术在各个领域的应用前景。

6.5.1 强磁场实验装置

超导在技术中最主要的应用是做成电磁铁的超导线圈以产生强磁场。这项技术是近 30 年来发展起来的新兴技术之一，在高能加速器、受控热核反应实验中已有很多的应用，在电力工业、现代医学等方面已显示出良好的前景。传统的电磁铁是由铜线绕组和铁芯构成的。尽管在理论上可通过增加电流来获得很强的磁场，但实际上由于铜线有电阻，电流增大时，发热量要按平方的倍数增加，因此，要维持一定的电流，就需要很大的功率，而且除了开始时产生磁场所需要的能量之外，供给电磁铁的能量都以热的形式损耗了。为此，还需要用大量的循环油或水进行冷却，这也需要额外的功率来维持。因此，传统的电磁铁是技术中效率最低的设备之一，而且形体笨重。与此相反，如果用超导线作电磁铁，则维持线圈中产生强磁场的大电流并不需要输入任何功率。同时由于超导线（如 Nb_3Sn 芯线）的容许电流密度（$10^9 A/m$，为临界磁场所限）比铜线的容许电流密度（$10^2 A/m$，为发热熔化所限）大得多，因而导线可以细得多；再加上不需庞大的冷却设备，所以超导电磁铁可以做得很轻便。例如，一个产生 5T 的中型传统电磁铁质量可达 20t，而产生相同磁场的超导电磁铁不过几千克！当然，超导电磁铁的运行还是需要能量的。首先是最开始时产生磁场需要能量；其次，在正常运转时需保持材料温度在绝对温度几度，需要用液氦的制冷系统，这也需要能量。尽管如此，还是比维持一个传统电磁铁需要的能量少。例如在美国阿贡实验室中的气泡室（探测微观粒子用的一种装置，作用如同云室）用的超导电磁铁，线圈直径 4.8m，产生 1.8T 的磁场。在电流产生之后，维持此电磁铁运行只需要 190kW 的功率来维持液氦制冷机运行，而同样规模的传统电磁铁的运行需要的功率则是 10000kW。这两种电磁铁的造价差不多，但超导电磁铁的年运行费用仅为传统电磁铁的 10%。美国费米实验室的高能加速器中的超导电磁铁长 7m，磁场可达 4.5T。整个加速器环的周长为 6.2km，它由 774 块超导电磁铁组成，另外有 240 块磁体用来聚焦高能粒子束。超导电磁铁环安放在常规磁体环的下面，粒子首先在常规磁体环中加速，然后再送到超导电磁铁环中加速，最

后能量可达到 $10^5\,\mathrm{MeV}$。

强磁场实验装置是开展强磁场下物理实验的最基本条件。建立20T 以上的稳态强磁场装置是复杂的涉及多学科和高难度的大型综合性科学工程，其建设费用高，磁体装置的运行费用也很高。世界上第一个强磁场实验室于 1960 年建于美国的 MIT。随后，欧洲的英国、荷兰、法国和德国以及东欧和苏联相继在 20 世纪 70 年代建立了强磁场实验室。日本的强磁场实验室建于 80 年代初。磁场水平由 60 年代的 20T，提高到 80 年代的 30T。90 年代初，美国政府决定在 Florida建立新的国家强磁场实验室，日本在筑波建立了新的强磁场实验室，强场磁体技术有了长足的进步和发展，稳态磁场水平近期可望达到40~50T。在中国为满足国内强磁场研究工作的需要，早在 1984 年中国科学院数理学部就组织论证，决策在等离子体物理研究所建立以20T 稳态强磁场装置为主体的强磁场实验室。该装置于 1992 年建成并投入运行。与此同时，实验室相继建成了多个能满足不同物理实验、场强在 15T 左右的稳态强磁场装置，配备了相应的输运和磁化测量系统以及低温系统。中国科学院院士、著名物理学家冯端先生在了解了合肥强磁场实验室的情况后非常感慨地说：过去中国没有强磁场条件，对有关强磁场下的物理工作连想都不敢想，现在有了强磁场条件我们应该好好地考虑这方面的问题了。

6.5.2　医用超导磁体

随着技术的发展，人们提出采用超导技术治疗癌症。首先人们根据癌症病理提出一种设想，就是如何将局部癌变组织的营养来源切断，使癌细胞由于得不到营养而坏死，最终达到根治癌症的目的。为了达到这一目的，我们可以生产出一种铁剂，这种铁剂经科学方法加工处理对人体无害（这一点在医学上已经变为现实），把这种铁剂注入人体血液中，然后我们可以在人体外用磁体诱导铁剂在人体血液中流动。最理想的方法是用超导磁体作为工具，因为超导磁体中无热产生，同时可以通过控制电流的方法控制磁场的大小，通常情况下超导磁体的磁场远大于普通磁体的磁场，同时导线中临界电流大，要产生某一特定的磁场，磁体可做得很小，这样有利于操作，有利于超导磁体在人体表面自由移动。在超导磁体的作用下，血液中的铁剂可在血液中自由流动，在超导磁体作用下流向肿瘤、癌变部位，阻塞其周围的血管，使其肿瘤组织坏死，使癌变部位缩小乃至消失。这样做既能起到治疗作用又不开刀和插管，使病人免去许多病痛。另外也可以将药包在铁剂外，在超导磁体的诱导下这种铁剂到达病变部位，从而使药物直接作用于病变部位，取得最佳疗效。超导电磁铁还用作核磁共振波谱仪的关键部件，医学上利用核磁共振成像技术可早期诊断癌症。由于它的成像是三维立体像，这是其他成像方法（如 X 光、超声波成像）所无法比拟的。它能准确检查发病部位，而且无辐射伤害，诊断面广，使用方便。

6.5.3　带有超导磁体的同步加速器

超导磁体在粒子加速方面大有作为。为了研究高能物理，人们建造了大型粒子加速器，普通一台 3000 亿电子伏特的同步加速器，若采用 1.2T 的常规磁体，加速器的粒子轨道半径为 1.2km。若改用 6T 的超导磁体，其轨道半径可减少到 170m。在同步加速器中，随着粒子的加速，磁场强度必须相应变化，即当磁场强度逐渐增大时，粒子加速运动的轨道半径逐渐减小，这样可大大降低建造粒子加速器装置的成本。

6.5.4　超导磁悬浮支架

在飞机、弹道导弹的风洞实验室里，传统的支架与飞机之间、支架与导弹之间有摩擦阻力，这样长期下去会对飞机和导弹的表面造成磨损，而我们可以用超导磁体做成一个磁悬浮系统，用该系统后飞机和导弹磁悬浮在支架上，飞机和导弹的表面磨损小，对飞机和导弹的表面有很好的保护作用。

6.5.5　超导磁悬浮列车

超导磁体用于火车的动力系统可生产出超导列车。其原理是：在列车上装有超导磁体系统，当列车一旦运行时，下面的铁轨在磁体的交变磁场作用下产生涡流，这种涡流产生的磁场与列车上超导磁体的磁场相互作用，产生相斥作用力，可托起列车。当列车被托起后，它的运行阻力将大大减小，这样它的运行速度是普通列车无法比拟的，此外，它的两侧也安装超导磁体，在导轨的侧壁也装上导电板，根据电磁学原理，也可以解决火车的导向问题。导轨侧壁的悬浮线圈和导向线圈均与电力电缆相连。一旦列车从中心偏向任何一边，列车所靠近的一侧上的线圈将向车体施加斥力，而与列车间距加大的一侧则向车体施加吸力，从而保证列车在任何时候均在导轨的中心。

　　磁悬浮列车和常规列车相比较有许多优点，如速度可以达到很高、污染小、爬坡能力强等。特别是采用了超导型磁悬浮列车，它更有体积小、磁场强、能量消耗小、速度更高等优点，是最为理想的类型。磁悬浮列车有两种基本悬浮方式：电磁悬浮方式（EML）和电动悬浮方式（EDL）。电磁悬浮方式需要很好的控制系统，而电动悬浮方式不需要控制系统，电动悬浮方式靠自身的运动就可以控制列车的高度，可见，电动悬浮方式是理想的悬浮方式。和常导型磁悬浮列车比较，低温超导型磁悬浮列车有许多优点：其一，超导体可以流过很大的电流，超导磁体的磁场要比常规电磁体大。其二，超导体几乎没有电阻，损耗极小。一次通入电流用以励磁之后，即可去掉电源，只需维持其低温工作环境以保证它不失超。从长期使用的角度来看，超导磁体的能耗小、成本低，是一种理想的磁体。超导磁体由于其零电阻的特性，在处于超导状态时几乎不产生热，因此在不失超的情况下，通过超导磁体的电流可以很大而又不产生能量消耗，实现强磁场低能耗的要求。其三，质量轻，体积小。当然，低温超导的 4.2K（-268.8℃）的工作温度也给低温超导带来了不少麻烦。与常规磁体相比，超导磁体的优越性是巨大的。

6.5.6　高温超导输电线路

　　超导材料还可能作为远距离传送电能的传输线。由于其电阻为零，大大减小了线路上能量的损耗（传统高压输电损耗可达 10%）。更重要的是，由于质量轻、体积小，输送大功率的超导传输线可铺设在地下管道中，从而省去了许多传统输电线的架设铁塔。另外，传统输电需要高压，因而有升压、降压设备。用超导线就不需要高压，还可不用交流电而用直流电。用直流电的超导输电线比用交流的要便宜些，它的容许电流密度大而且设计简单。

超导材料（如 NbTi 合金或 Nb_3Sn）都很脆，因此做电缆时通常都把它们做成很多细丝嵌在铜线内，并且把这种导线和铜线绕在一起，这样不仅增加了电缆的强度，而且增大了超导体的表面积。后一点也是重要的，因为在超导体中，电流都是沿表面流通的，表面积的增大可允许通过更大的电流。另外，在超导情况下，相对于超导材料，铜是绝缘体，一旦由于制冷出事故或磁场过强而破坏了超导性时，电流仍能通过铜导线流通。这样就可避免强电流（10^5A 或更大）突然被大电阻阻断时，大量电能突然转变为大量的热而发生危险。

新的高温超导体不像它们的前身那样是有韧性的合金，而是易碎的陶瓷，是用金属氧化物的混合物制成的，因而使用起来比较困难。多数金属很容易被拉成丝，可是高温超导体却不能。用力拉，它们就断。解决这个问题的途径之一是将高温超导体做成粉末，然后把它填充在一个银管里。银是良好的导热体，所以超导体任何一部分开始变热都能很容易地把它的热量扩散到周围的液氮中，而且电不会从超导体渗漏入银里，因为电流总是走电阻最小的电路。高温超导输电线路可大大节约电能，一般的铜线高架远距离输电，输电线路电能损失达 5% ~15%。就美国太平洋煤气电力公司而言，一年线路电能损失达 2 亿美元，如果用高温超导线路远距离输电，则可以避免电能的损耗。

6.5.7 超导储能磁体的开发与应用

在军事上，聚能武器即定向能武器在未来战争中将起举足轻重的作用，美国和俄罗斯已把定向能武器的研制摆在突出的位置。这样需要改革现有的储能设备和传能系统，而超导技术可以为定向能武器能源的问题的解决提供可能性。我们知道，聚能武器是把能量汇聚成极细的能束，沿着指定的方向，以光速向外发射能束，来摧毁目标。这里要解决技术上的一个难题：如何在瞬间提供大量的能量。也就是说需要一个电感储能装置，但普通线圈由于存在大量的能耗，因此不能长时间储存大量的能量。超导材料的零电阻特性和高载流能力使超导储能线圈能长时间、大容量地储存能量。这种方法储存的能量可以用于军事上，并且还可以多种形式发射能量。

6.5.8　超导计算机

可以利用超导隧道效应制成的约瑟夫逊器件进行各种探测仪器的制作。用它做成的各种探测器是普通探测仪器无法比拟的，它有很高的测量精度和稳定性。另外，超导材料可应用于制造新一代的计算机——超导计算机，这种新型计算机在运算速度上比现在已有的计算机提高 1～2 个数量级。把超导体应用于计算机将会迎来科学史上的一次重大革命。理论研究表明：应用约瑟夫逊效应制成超导器件，其开关速度可以比当前使用的半导体集成电路快十几到二十几倍，而且它消耗的电能只有现在普通计算机的 1%。目前的计算机大多采用半导体技术，硅集成电路技术起了很大的作用，但要想继续提高计算机的性能和计算速度，能量消耗是一个限制因素，若在硅集成电路中提高计算速度，必然造成芯片发热，这些热量会对半导体材料产生不良影响，若运算速度提高到某一限度时可能会使内部芯片发热而损坏内部元件。为了解决这一矛盾，利用超导材料可做成约瑟夫逊结。这里简单介绍一下它的原理：当它的电流小于临界电流 I_c，它是零电压输出；当通过它的电流大于 I_c 时，它有毫伏量级电压输出。超导隧道结（又称约瑟夫逊器件）在不出现任何电阻的情况下有零电压和非零电压两种状态，所以用它可以组成逻辑电路，故可用它作为电子计算机的元件，用这种元件做成的计算机有许多优点，首先它的开关时间可达 10^{-10} s，这样可使计算机运算速度提高一个数量级以上。在军事上，由于现代战争更多使用电子战，计算机的应用显得十分重要，特别是超导计算机具有高的运算速度，可提高部队的应变反应速度，使部队能迅速行动，争取战争的主动权。在工业生产和科研中，提高计算机的速度也很有意义，它可以提高生产效率和工作效率。以机器人为例，用超导隧道结做成的机器人，它的工作量是普通机器人的十倍以上，真正做到"以一当十"。预计在 21 世纪将要诞生的超导计算机在无阻不发热的情况下高效率运行，其运行速度可达到每秒几十亿次。另外超导结的输出电压高，这意味着它输出的信号强，这一点可以使我们获得更加稳定、更加清晰的图像与数据，使我们今天使用的电脑在图像质量、清晰度及稳定性方面相形见绌。超导计算机功率损耗小，估计一次快速开关期间消耗的能量小于 10^{-13} J，这样使计算机内部几乎不发热，这一点对提高计算机的稳定性和延长计算机芯的寿命都非常重要，可以想象在21世纪，谁先研制出超导技术计算机，谁将主宰计算机行业乃至世界经济。

6.5.9　医用射频超导量子干涉磁强计

由于超导技术的迅速发展，诞生了一门新兴的边缘学科——生物磁学。生物磁学是研究物质磁性、磁场与生命活动、生物特性之间的相互联系和影响的交叉学科。最近，人们已把对人体磁场的研究从实验室推广到临床诊断，取得了令人振奋的成果。生物磁学告诉我们，人体的心、脑和眼的活动伴随着电子的传递和离子的移动，这些带电粒子的运动会在空间产生磁场，我们把人体中的电荷运动产生的磁场随时间变化的曲线称为心（脑、眼）磁图，这与电场随时间的变化的曲线称为心（脑、眼）电图很相似。通过分析发现心（脑、眼）磁图中的磁场强度很小（大约 $10^{-9} \sim 10^{-13}$ T），而地球产生的磁场强度（$10^{-4} \sim 10^{-5}$ T）比它大得多，所以心（脑、眼）磁图很容易受到地磁场的影响，为了准确地测量心（脑、眼）磁图，必须采用高灵敏度的磁强计——超导量子干涉磁强计（SQUID），该磁强计可以探测到 10^{-13} T 磁场的变化。通过人们不断的努力，科学家已经发明了射频超导量子干涉器，它的灵敏度更高，可探测到 10^{-15} T 的磁场的变化，大大地促进了人体磁图的研究和应用。用超导量子干涉器测量出的心（脑、眼）等部位的磁图反映了人体心（脑、眼）等部位的生理和病理状态。最近，科学家用超导量子干涉器来探索人脑的秘密，寻找人的感觉与思维活动和人的脑磁信号的关系，揭示一个未知的新世界。与心（脑、眼）等部位的电图相比较，心（脑、眼）等部位的磁图有许多的优点，如有无电极接触干扰，能进行交、直流分量和三维磁场的测量，分辨率高等，是一种十分理想的仪器。

6.5.10 超导磁场计

利用约瑟夫逊器件可制成高灵敏度的超导磁场计，由于超导磁场计可分辨 $10^{-14} \sim 10^{-15}$T 的磁场，它的测量精度比其他仪器高 3 ~ 4 个数量级，因此它可以测量极弱的磁场及磁场的微小变化。我们可以用它测量地雷和水雷，使测量的准确性大大提高。另外，在水雷上可安装超导磁强计作为追踪器，我们把这种水雷称为超导磁性水雷，它的命中率远远高于其他水雷。超导磁强计在地质探测方面也大显身手。由于地下有各种矿藏，必然影响地磁的分布，并且矿的种类不同，对地磁的影响程度也不同，由于超导磁强计具有很高的灵敏度，也就能把矿藏的影响测量出来，从而可以确定矿藏的确切位置。另外，由于世界能源的缺乏，使人们对海洋特别是深海的开发有很大兴趣，同样我们可以用超导磁强计深入深海中，来探测海底的磁场及其变化，从而可以为我们探测开发海洋资源打下基础。在国防上可以用超导磁强计来探测沿海的各种船只，特别是潜艇的动向，当潜艇靠近海岸时，破坏了地磁分布，这时超导磁强计可立即显示磁场的变化，这个反潜方法比其他方法准确得多，一是测量精度高，二是这种方法是被动的，它能发现潜艇而潜艇不能发现它。超导磁强计的另一个应用是预报地震，我们知道超导体可以被磁场悬浮起来，如果把一个超导体悬浮平衡在磁场中，当有地震时，由于地球内部结构的变化，造成重力发生变化，这时超导球的质量要发生变化，则球对磁场的压缩也随之改变，以致磁场发生畸变，虽然这种变化很小，但超导磁强计已完全可以将其测出。约瑟夫逊器件在科学研究领域也有广泛应用。在自然界中有许多物质的磁场和磁矩非常小。但为了研究物质结构及性质，需测量其磁距的大小，而超导磁体的高灵敏度正满足我们的需要。在电学中我们需要灵敏度极高的电压表和电流表，利用上述的磁强计，再经过适当的转换器就可以得到其他各种电测量的超高灵敏度的测量仪器。我们可以把磁强计耦合到超导回路上制成电流计。把此电流计再与一个电阻串联就组成一个电压表，用磁强计做成的电流表其分辨率大约为 $10^{-10} \sim 10^{-17}$V，这样高的精度是其他电压表、电流表无法比拟的。

约瑟夫逊器件可以作为电压的定标工具。电压是各种仪器的重要参数，在科研和生产中，我们经常需要电压，为了保持准确性，全世界规定一个电压标准十分重要，这个标准已保持在巴黎国际权度局。现在世界各国的国家标准都用化学电池保持标准电压，并且经常到巴黎国际权度局去校正，国际电池精度为 10^{-8} V，到了各个国家电池的精度仅有 10^{-6} V。这样在各个国家都不能达到理想的精度，又浪费时间和精力。若采用约瑟夫逊结作为测量电压的标准，可使电压的测量精度达 10^{-8} V，这样做既准确又方便，是一种理想的方法。

知 识 拓 展

超导材料的发展历史

人们在实现超导体零电阻的研究中已经取得了飞跃的突破。最早，人们发现电阻为零的超导材料只能工作在零下 269℃ 的液氮中。1973 年，人们发现了超导合金——铌锗合金，其临界超导温度为 23.2K，该记录保持了 13 年。1986 年，设在瑞士苏黎世的美国 IBM 公司的研究中心报道了一种氧化物（镧－钡－铜－氧）具有 35K 的高温超导性，打破了传统"氧化物陶瓷是绝缘体"的观念，引起世界科学界的轰动。此后，科学家们争分夺秒地攻关，几乎每隔几天，就有新的研究成果出现。1986 年底，美国贝尔实验室研究的氧化物超导材料，其临界超导温度达到 40K，液氢的"温度壁垒"（40K）被跨越。1987 年 2 月，美国华裔科学家朱经武和中国科学家赵忠贤相继在钇－钡－铜－氧系材料上把临界超导温度提高到 90K 以上，液氮的禁区（77K）也奇迹般地被突破了。1987 年底，铊－钡－钙－铜－氧系材料又把临界超导温度的记录提高到 125K。从 1986～1987 年的短短一年多的时间里，临界超导温度竟然提高了 100K 以上，这在材料发展史，乃至科技发展史上都堪称是一大奇迹！更使超导的实际应用离人类越来越近。高温超导材料的不断问世，为超导材料从实验室走向应用铺平了道路。

超导领域的四个诺贝尔奖

（1）1913 年，荷兰实验物理学家昂内斯。他在 1908 年首次发现低温条件下的某些金属有超导现象，并由此开拓了低温物理学和超导物理学这些新的物理分支，从而获得 1913 年度的诺贝尔物理学奖。

（2）1972 年，巴登（John Bardeen，1908～1991）、库伯（Leon North Cooper，1930～）和史雷夫（John Robert Schrieffer，1931～）因发现称为 BCS 理论的超导理论，共同分享了 1972 年度诺贝尔物理学奖。

（3）1973 年，江崎玲于奈（Leo Esaki，1925～）和加埃沃（Ivar Giaever，1929～）因分别发现半导体和超导体中的隧道贯穿、约瑟夫逊（Brian David Josephson，1940～）因从理论上预言了通过隧道阻挡层的超电流的性质，特别是被称为"约瑟夫逊效应"的实验现象，共同分享了 1973 年度诺贝尔物理学奖。

（4）1987 年，柏诺兹（J. Georg Bednorz，1950～）和缪勒（Karl A. Muller，1927～）因发现钡－镧－铜－氧系统中的高 T_c 超导电性，共同分享了 1987 年度诺贝尔物理学奖。

思 考 题

6－1　超导材料和普通材料的区别是什么？

6－2　超导材料明显的特性是什么？

6－3　请尝试描述金属超导材料中的 BCS 理论。

6－4　目前常用的超导材料有哪些？

6－5　请尝试列举出超导材料至少五大类应用领域。

7　太阳能电池材料

关键词：光电效应，太阳能电池，单晶硅，多晶硅，非晶硅，纳米晶化学太阳能电池

太阳能是人类取之不尽、用之不竭的可再生能源，也是清洁能源，不产生任何的环境污染。生物质能、风能、海洋能、水能等都来自太阳能，广义上，太阳能包含以上各种可再生能源。狭义上，太阳能作为可再生能源的一种，是指太阳能的直接转化和利用。在太阳能的有效利用当中，太阳能光电利用是近些年来发展最快、最具活力的研究领域，也是最受瞩目的领域之一。

7.1　基　本　概　念

太阳能是一种辐射能，它必须借助于能量转换器才能转换成为电能。太阳能电池是利用光电效应或者光化学效应将太阳的辐射光转变为电能的一种器件。以光电效应工作的太阳能电池为主流（见图7-1），而以光化学效应工作的太阳能电池则还处于萌芽阶段。本章主要介绍

图7-1　太阳能电池板

以光电效应工作的太阳能电池。

7.2　工作原理

　　以光电效应工作的太阳能电池将光能转换为太阳能的基础是半导体 PN 结的光生伏打效应。所谓光生伏打效应就是当物体受到光照时，物体内的电荷分布状态发生变化而产生电动势和电流的一种效应。当太阳光或其他光照射半导体的 PN 结时，就会在 PN 结的两边出现电压，称为光生电压。这种太阳能电池是利用半导体器件的光伏效应原理进行光电转换的，因此又称太阳能光伏技术。

　　太阳能电池中的 PN 结就像一堵墙，阻碍着电子和空穴的移动。当太阳能电池受到阳光照射时，电子接受光能，向 N 型区移动，使 N 型区带负电，同时空穴向 P 型区移动，使 P 型区带正电。这样，在 PN 结两端便产生了电动势，也就是通常所说的电压。这种现象就是上面所说的"光生伏打效应"。如果这时分别在 P 型层和 N 型层焊上金属导线，接通负载，则外电路便有电流通过。

　　由于半导体不是电的良导体，电子在通过 PN 结后如果在半导体中流动，电阻非常大，损耗也非常大。但如果在上层全部涂上金属，阳光就不能通过，电流就不能产生，因此一般用金属网格覆盖 PN 结（如图 7-2 所示梳状电极），以增加入射光的面积。另外，半导体表面非常光亮，会反射掉大量的太阳光，不能被电池利用。为此，科学家们给它涂上了一层反射系数非常小的保护膜，将反射损失减小到 5% 甚至更小。由于单一太阳能电池所输出的电力有限，为提高其发

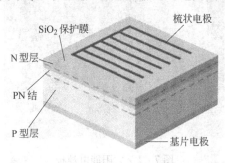

(a)

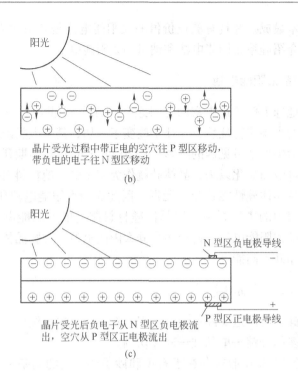

图 7 - 2　硅太阳能电池工作原理示意图

（a）太阳能电池示意图；（b）晶片受光过程；（c）晶片受光后

电量，将许多太阳能电池经串、并联组合封装后，做成模板，成为太阳能电池模板（Solar Module）。太阳能电池的发电能源来自于光的波长。太阳光是一种全域波长，太阳能电池较适用于阳光或白炽灯的波长。

7.3　分　类

制作太阳能电池主要是以半导体材料为基础，根据所用材料的不同，太阳能电池可分为：（1）硅系太阳能电池；（2）以无机盐如砷化镓Ⅲ - Ⅴ化合物、硫化镉、铜铟硒等多元化合物为材料的电池；（3）功能高分子材料制备的太阳能电池；（4）纳米晶太阳能电池等。

目前，技术最成熟并具有商业价值的太阳能电池是硅系太阳能电池。下面主要介绍硅系太阳能电池和纳米晶太阳能电池。

7.3.1 硅系太阳能电池

硅是地球上储藏最丰富的材料之一。自从 19 世纪科学家们发现了晶体硅的半导体特性后，它几乎改变了一切，甚至人类的思维。在我们的生活中处处可见硅的身影。从 20 世纪 70 年代中期开始了地面用太阳能电池商品化以来，晶体硅就作为基本的电池材料占据着统治地位。而且晶体硅性能稳定、无毒，因此成为太阳能电池研究开发、生产和应用中的主体材料。以晶体硅材料制备的太阳能电池主要包括：单晶硅太阳能电池、铸造多晶硅太阳能电池、薄膜晶体硅太阳能电池和非晶硅太阳能电池。

7.3.1.1 单晶硅材料

单晶硅材料制造要经过如下过程：石英砂—冶金级硅—提纯和精炼—沉积多晶硅锭—单晶硅—硅片切割。

硅主要以 SiO_2 形式存在于石英和砂子中。它的制备主要是在电弧炉中用碳还原石英砂而成。该过程能量消耗很高，约为 14kW · h/kg，因此硅的生产通常在水电过剩的地方（挪威、加拿大等地）进行。这样被还原出来的硅的纯度约 98% ~ 99%，称为冶金级硅。大部分冶金级硅用于制铁和制铝工业。目前全世界冶金级硅的产量约为 50 万吨/年。半导体工业用硅占硅总量的很小一部分，而且必须进行高度提纯。电子级硅的杂质含量约 10^{-10}% 以下。典型的半导体级硅的制备过程为粉碎的冶金级硅在硫化床反应器中与 HCl 气体混合并反应生成三氯氢硅和氢气，$Si + 3HCl \rightarrow SiHCl_3 + H_2$。由于 $SiHCl_3$ 在 30℃ 以下是液体，因此很容易与氢气分离。接着，通过精馏使 $SiHCl_3$ 与其他氯化物分离，经过精馏的 $SiHCl_3$，其杂质水平可低于 10^{-10}% 的电子级硅要求。提纯后的 $SiHCl_3$ 通过 CVD 原理制备出多晶硅锭。基于同样原理可开发出另一种提纯方法，即在硫化床反应器中，用硅烷在很小的硅球表面上原位沉积出硅。此法沉积出的硅粉末颗粒只有十分之几毫米，可用作直拉单晶的投炉料或直接制造硅带。

拉制单晶有 CZ 法（坩埚拉制）和区熔法两种。CZ 法因使用石英坩埚而不可避免地引入一定量的氧，对大多数半导体器件来说影响不大，但对高效太阳电池来说，氧沉淀物是复合中心，从而降低材料少子寿命。区熔法可以获得高纯无缺陷单晶。常规采用内圆切割法将硅锭切成硅片，该过程有 50% 的硅材料损耗，成本昂贵。现在已经开发出多线切割法，可以切出很薄（约 100pm）的硅片，切割损失小（约 30%），硅片表面切割损伤轻，有利于提高电池效率，切割成本低。

单晶硅电池使用最普遍，多用于发电厂、充电系统、道路照明系统及交通号志等，所发电力与电压范围广，转换效率高，稳定性好，使用年限长，但是其成本较高。

7.3.1.2 多晶硅材料

多晶硅太阳能电池的出现主要是为了降低成本。由于硅材料占太阳能电池成本中的绝大部分，降低硅材料的成本是光伏应用的关键。浇铸多晶硅技术是降低成本的重要途径之一，该技术省去了昂贵的单晶拉制过程，可以直接制备出适于规模化生产的大尺寸方形硅锭，设备比较简单，制造过程简单、省电、节约硅材料，对材质要求也较低。目前，铸造多晶硅太阳能电池已经取代直拉单晶硅太阳能电池成为最主要的光伏材料。但是铸造多晶硅太阳能电池的转换效率略低于直拉单晶硅太阳能电池，材料中的各种缺陷，如晶界、位错、微缺陷、杂质碳和氧以及工艺过程中沾污的过渡族金属被认为是电池转换效率较低的关键原因，因此关于铸造多晶硅中缺陷和杂质规律的研究，以及工艺中采用合适的吸杂、钝化工艺是进一步提高铸造多晶硅电池的关键。另外，寻找适合铸造多晶硅表面织构化的湿化学腐蚀方法也是目前低成本制备高效率电池的重要工艺。

多晶硅太阳能电池的生产过程大致可分为五个步骤：（1）提纯过程；（2）拉棒过程；（3）切片过程；（4）制电池过程；（5）封装过程。整个过程如图 7-3 所示。

多晶硅电池的效率较单晶硅电池低，但因制造步骤较简单，成本亦低廉，较单晶硅电池便宜 20%，且转换效率较稳定，因此一些低

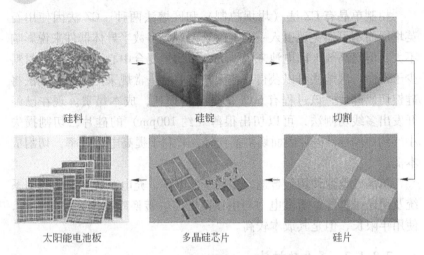

| 硅料 | 硅锭 | 切割 |

| 太阳能电池板 | 多晶硅芯片 | 硅片 |

图7-3 多晶硅太阳能电池生产过程示意图

功率的电力应用系统均采用多晶硅太阳能电池。

7.3.1.3 多晶硅薄膜

晶体硅太阳能电池一般是在厚度 $350 \sim 450\mu m$ 的高质量硅片上制成的，这种硅片从提拉或浇铸的硅锭上锯割而成。这种方法实际消耗的硅材料很多。为了节省材料，人们开始考虑开发多晶硅薄膜电池。多晶硅薄膜电池既具有晶体硅电池的高效、稳定、无毒和资源丰富的优势，又具有薄膜电池工艺简单、节省材料、大幅度降低成本的优点，因此多晶硅薄膜电池的研究开发成为近几年的热点。目前制备多晶硅薄膜电池大多采用化学气相沉积法，包括低压化学气相沉积（LPCVD）和等离子增强化学气相沉积（PECVD）工艺。此外，液相外延法（LPPE）和溅射沉积法也可用来制备多晶硅薄膜电池。化学气相沉积主要是以 SiH_2Cl_2、$SiHCl_3$、$SiCl_4$ 或 SiH_4 为反应气体，在一定的保护气氛下反应生成硅原子并沉积在加热的衬底上，衬底材料一般选用 Si、SiO_2、Si_3N_4 等。但是研究发现，在非硅衬底上很难形成较大的晶粒，并且容易在晶粒间形成空隙。解决这一问题的办法是先用 LPCVD 在衬底上沉积一层较薄的非晶硅层，再将这层非晶硅层退火，得到较大的晶粒，然后在这层籽晶上沉积厚的多晶硅薄膜，因此，再结晶技术无疑是很重要的一个环节。多晶硅薄膜电池除采用了再结晶工艺外，另外采用了几乎所有制备单晶硅太阳能电池的技术，这样制得的太阳能电池转换效率明显提高。

7.3.1.4 非晶硅薄膜

非晶硅薄膜太阳能电池是一种以非晶硅化合物为基本组成的薄膜太阳能电池。它一般采用等离子增强型化学气相沉积方法使高纯硅烷等气体分解沉积而成的。生产过程中此种制作工艺可以连续在多个真空沉积室完成，以实现大批量生产。由于沉积分解温度低，可在玻璃、不锈钢板、陶瓷板、柔性塑料片上沉积薄膜，易于大面积化生产，成本低廉，生产效率高。另外，非晶硅太阳能电池高温性能好，其受温度的影响比晶体硅太阳能电池小得多。所以非晶硅电池在20世纪80年代初一问世，很快实现了商业化生产。但是非晶硅太阳能电池转换效率较低，而且效率衰减得比较厉害。

7.3.2 纳米晶化学太阳能电池

在太阳能电池中硅系太阳能电池无疑是发展最成熟的，但由于成本居高不下，远不能满足大规模推广应用的要求。为此，人们不断在工艺、新材料、电池薄膜化等方面进行探索，而这当中新近发展的纳米晶体化学能太阳能电池受到国内外科学家的重视。

以染料敏化纳米晶体太阳能电池（DSSCs）为例，这种电池主要包括镀有透明导电膜的玻璃基底、染料敏化的半导体材料、对电极以及电解质等几部分。如图7-4所示，染料分子吸收太阳光能跃迁到激发态，激发态不稳定，电子快速注入到紧邻的 TiO_2 导带，染料中失去的电子则很快从电解质中得到补偿，进入 TiO_2 导带中的电子最终进入导电膜，然后通过外回路产生光电流。

纳米晶 TiO_2 太阳能电池的优点在于它廉价的成本和简单的工艺及稳定的性能。其光电效率稳定在10%以上，制作成本仅为硅太阳电池的 $1/10 \sim 1/5$，寿命能达到20年以上。但此类电池的研究和开发刚刚起步，估计不久的将来会逐步走向市场。

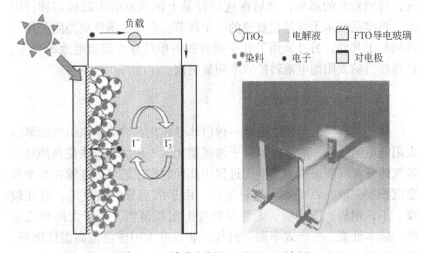

图 7 - 4   纳米太阳能电池原理示意图

阳极：染料敏化半导体薄膜（TiO_2 膜）

阴极：镀铂的导电玻璃

电解质：I_3^- /I^-

7.4   太阳能电池的主要应用领域

（1）太阳能电源。可以用于 10 ~ 100W 小型电源，边远无电地区如高原、海岛、牧区、边防哨所等军民生活用电，如照明、电视、收录机；还可以用于 3 ~ 5kW 家庭屋顶并网发电系统，用于光伏水泵来解决无电地区的深水井饮用、灌溉。

（2）交通领域。用于交通领域，如航标灯、交通/铁路信号灯、交通警示/标志灯、路灯、高空障碍灯、高速公路/铁路无线电话亭、无人值守道班供电等。

（3）通讯/通信领域。用于太阳能无人值守微波中继站、光缆维护站、广播/通讯/寻呼电源系统；农村载波电话光伏系统、小型通信机、士兵 GPS 供电等。

（4）石油、海洋、气象领域。石油管道和水库闸门阴极保护太阳能电源系统，石油钻井平台生活及应急电源、海洋检测设备、气象/水文观测设备等。

（5）家庭灯具电源：如庭院灯、路灯、手提灯、野营灯、登山灯、垂钓灯、黑光灯、割胶灯、节能灯等。

（6）太阳能建筑。将太阳能发电与建筑材料相结合，使得未来的大型建筑实现电力自给，是未来一大发展方向。

太阳能电池在其他领域也有广泛的应用，如太阳能汽车/电动车、电池充电设备、汽车空调、换气扇、冷饮箱等；太阳能制氢加燃料电池的再生发电系统；海水淡化设备供电；卫星、航天器、空间太阳能电站等。10kW～50MW独立光伏电站、风光（柴）互补电站、各种大型停车厂充电站等。

目前各国特别是德国及日本、印度等都在大力发展太阳能电池的应用，开始实施的"十万屋顶"计划、"百万屋顶"计划等，极大地推动了光伏市场的发展，前途十分光明。

7.5　太阳能电池的发展趋势

不论以何种材料制作电池，对太阳能电池材料一般的要求有：（1）半导体材料的禁带不能太宽；（2）要有较高的光电转换效率；（3）材料本身对环境不造成污染；（4）材料便于工业化生产且材料性能稳定。作为太阳能电池的材料，Ⅲ–Ⅴ族化合物及CIS等系太阳能电池由稀有元素所制备，尽管以它们制成的太阳能电池转换效率很高，但从材料来源看，这类太阳能电池将来不可能占据主导地位。而另两类电池——纳米晶太阳能电池和聚合物修饰电极太阳能电池也存在问题，它们的研究刚刚起步，技术不是很成熟，转换效率还比较低，这两类电池还处于探索阶段，短时间内不可能替代硅系太阳能电池。因此，从转换效率和材料的来源角度讲，今后发展的重点仍是硅太阳能电池，特别是多晶硅和非晶硅薄膜电池，这也是太阳能电池以硅材料为主的主要原因。

提高转换效率和降低成本是太阳能电池制备中考虑的两个主要因素，对于目前的硅系太阳能电池，要想再进一步提高转换效率是比较困难的。因此，今后研究的重点除继续开发新的电池材料外，重点应集中在如何降低成本上来，现有的高转换效率的太阳能电池是在高质量的硅片上制成的，这是制造硅太阳能电池成本最高的部分。因此，在如何保证转换效率仍较高的情况下降低衬底的成本就显得尤为重要，也是今后太阳能电池发展急需解决的问题。由于多晶硅和非晶硅薄膜电池具有较高的转换效率和相对较低的成本，将最终取代单晶硅电池，成为市场的主导产品。但随着新材料的不断开发和相关技术的发展，以其他材料为基础的太阳能电池也愈来愈显示出诱人的前景。

当前，太阳能电池的开发应用已逐步走向商业化、产业化，小功率、小面积的太阳能电池在一些国家已大批量生产，并得到广泛应用。同时人们正在开发光电转换率高、成本低的太阳能电池。可以预见，太阳能电池很有可能成为替代煤和石油的重要能源之一，在人们的生产、生活中将占有越来越重要的位置。

知 识 拓 展

染料敏化 TiO_2 太阳能电池的手工制作

（1）制作二氧化钛膜。如图7-5所示，1）先把二氧化钛粉末放入研钵中与黏合剂进行研磨；2）接着用玻璃棒缓慢地在导电玻璃上进行涂膜；3）把二氧化钛膜放入酒精灯下烧结10~15min，然后冷却。

（2）利用天然染料为二氧化钛着色。把新鲜的或冰冻的黑梅、山梅、石榴籽或红茶，加一汤匙的水并进行挤压，然后把二氧化钛膜放进去进行着色，大约需要5min，直到膜层变成深紫色。如果膜层两面着色不均匀，可以再放进去浸泡5min，然后用乙醇冲洗，并用柔软的纸轻轻地擦干。

（3）制作正电极。由染料着色的 TiO_2 为电子流出的一极（即负极）。正电极可由导电玻璃的导电面（涂有导电的 SnO_2 膜层）构成，利用一个简单的万用表就可以判断玻璃的哪一面是可以导电的，利用

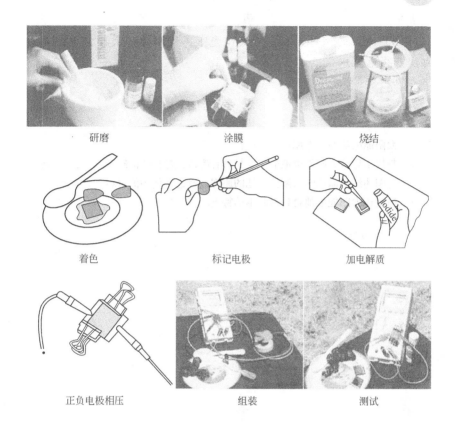

研磨　　　　　　　　涂膜　　　　　　　　烧结

着色　　　　　　　标记电极　　　　　　加电解质

正负电极相压　　　　　　　组装　　　　　　　　测试

图7-5　染料敏化太阳能电池的手工制作

手指也可以判断，导电面较为粗糙。把非导电面标上'＋'，然后用铅笔在导电面上均匀地涂上一层石墨。

（4）加入电解质。利用含碘离子的溶液作为太阳能电池的电解质，它主要用于还原和再生染料。在二氧化钛膜表面上滴加一到两滴电解质即可。

（5）组装电池。把着色后的二氧化钛膜面朝上放在桌上，在膜上面滴一到两滴含碘和碘离子的电解质，然后把正电极的导电面朝下压在二氧化钛膜上。把两片玻璃稍微错开，用两个夹子把电池夹住，两片玻璃暴露在外面的部分用以连接导线。这样，你的太阳能电池就做成了。

(6) 电池的测试。在室外太阳光下，检测你的太阳能电池是否可以产生电流。

思 考 题

7-1 太阳能电池的工作原理是什么？

7-2 制作半导体太阳能电池的主要材料有哪些，各自的优缺点是什么？

7-3 请阐述纳米晶化学太阳能电池的原理以及通常使用的材料。

7-4 请阐述太阳能电池材料最基本的特点。

8 液晶显示材料

关键词：液晶，热致液晶，溶致液晶，向列相，近晶相，胆甾相，电光效应，液晶显示器

近二十多年来液晶材料获得迅速的发展，被广泛地应用在需要低电压和轻薄短小的显示组件上，一跃成为热门的科学研究及应用的主题，目前已经被广泛使用于电子表、电子计算器和计算机显示屏幕上，液晶逐渐成为显示工业上不可或缺的重要材料。

8.1 基本概念

液晶是介于固态晶体的三维有序和无规则液态之间的一种中间相态，又称作介晶相，是一种取向有序的流体，既具有液体的易流动性，又有晶体的双折射等各向异性的特征。液晶材料是一种高分子材料，分子间作用力比固体弱，容易呈现各种状态，微小的外部能量如电场、磁场、热能等就能实现各分子状态间的转变，从而引起它的光、电、磁的物理性质发生变化。液晶材料用于显示器件就是利用它的光学性质变化。

8.2 分 类

根据液晶形成的条件,液晶材料可分为热致型液晶和溶致型液晶。

8.2.1 溶致型液晶

有些材料在溶剂中处于一定的浓度区间内会产生液晶，这类液晶我们称它为溶致液晶。例如可以利用溶致型液晶聚合物的液晶相的高浓度、低黏度的特性进行液晶纺丝制备高强度、高模量的纤维。溶致型液晶材料广泛存在于自然界、生物体中，与生命息息相关，但在显

示中尚无应用。溶致型液晶生成的例子是肥皂水。在高浓度时，肥皂分子呈层列性，层间是水分子。浓度稍低，组合又不同。

8.2.2 热致型液晶

热致型液晶分子会随温度上升而伴随一连串相转移，即由固体变成液晶状态，最后变成等向性液体，在这些相变化的过程中液晶分子的物理性质都会随之变化，如折射率、介电异向性、弹性系数和黏度等。在热致型液晶中，根据液晶分子排列结构分为三大类：近晶相、向列相和胆甾相。其中近晶相的棒状分子按分子长轴方向互相平行，分层排列，分子只能在层内转动或滑动，不能在层间移动。向列相的棒状分子按分子长轴方向互相平行交错排列，分子可以转动，可以上下滑动，流动性好，是用于显示的主要类型。胆甾相的棒状分子也是分层排列，但长轴与层的平面平行，且两层分子的取向旋转一定角度（见图 8 - 1）。

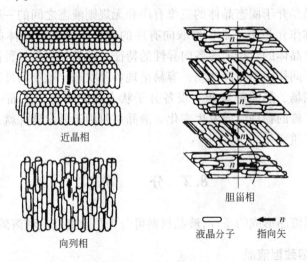

图 8 - 1 液晶的种类

其实一种物质可以具有多种液晶相。有人发现，把两种液晶混合物加热，得到等向性液体后再冷却，可以观察到次第为向列型、层列型液晶，这种相变化的物质称为重现性液晶。

8.3 液晶的电光效应

液晶的电光效应是指它的干涉、散射、衍射、旋光、吸收等受电场调制的光学现象。下面以常用的向列型液晶为例，说明其工作原理。

向列型液晶光开关的结构如图 8-2 所示。在两块玻璃板之间夹有正性向列相液晶，液晶分子的形状如同火柴一样，为棍状。棍的长度在十几埃（$1\text{Å} = 10^{-10}\text{m}$），直径为 $4 \sim 6\text{Å}$，液晶层厚度一般为 $5 \sim 8\mu\text{m}$。玻璃板的内表面涂有透明电极，电极的表面预先作了定向处理（可用软绒布朝一个方向摩擦，也可在电极表面涂取向剂），这样，液晶分子在透明电极表面就会躺倒在摩擦所形成的微沟槽里，使电极表面的液晶分子按一定方向排列，且上下电极上的定向方向相互垂直。上下电极之间的那些液晶分子因范德华力的作用，趋向于平行排列。然而由于上下电极上液晶的定向方向相互垂直，所以从俯视方向看，液晶分子的排列从上电极的沿 $-45°$ 方向排列逐步地、均匀地扭曲到下电极的沿 $+45°$ 方向排列，整个扭曲了 $90°$，如图 8-2 左图所示。

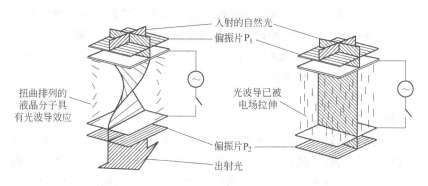

图 8-2 液晶的电光效应示意图

理论和实验都证明，上述均匀扭曲排列起来的结构具有光波导的性质，即偏振光从上电极表面透过扭曲排列起来的液晶传播到下电极表面时，偏振方向会旋转90°。取两张偏振片贴在玻璃的两面，P_1 的透光轴与上电极的定向方向相同，P_2 的透光轴与下电极的定向方向相同，于是 P_1 和 P_2 的透光轴相互正交。在未加驱动电压的情况下，来自光源的自然光经过偏振片 P_1 后只剩下平行于透光轴的线偏振光，该线偏振光到达输出面时，其偏振面旋转了90°。这时光的偏振面与 P_2 的透光轴平行，因而有光通过。在施加足够电压情况下（一般为 $1 \sim 2V$），在静电场的吸引下，除了基片附近的液晶分子被基片"锚定"以外，其他液晶分子趋于平行于电场方向排列。于是原来的扭曲结构被破坏，成了均匀结构，如图 8 - 2 右图所示。从 P_1 透射出来的偏振光的偏振方向在液晶中传播时不再旋转，保持原来的偏振方向到达下电极。这时光的偏振方向与 P_2 正交，因而光被关断。由于上述光开关在没有电场的情况下让光透过，加上电场的时候光被关断，因此称为常通型光开关，又称为常白模式。若 P_1 和 P_2 的透光轴相互平行，则构成常黑模式。

8.4　液晶的用途

液晶显示材料最常见的用途是电子表和计算器的显示板，为什么会显示数字呢？原来这种液态光电显示材料利用液晶的电光效应把电信号转换成字符、图像等可见信号。用液晶材料做成的液晶显示器，或称 LCD（Liquid Crystal Display），如图 8 - 3 所示，是平面超薄显示设备，它由一定数量的彩色或黑白画素组成，放置于光源或者反射面前方。液晶显示器功耗很低，适用于使用电池的电子设备，因此备受工程师青睐。

液晶显示器利用液晶的基本性质实现显示。液晶分子会受到电压的影响改变其分子的排列状态，并且可以让射入的光线产生偏转的现象。从技术上简单地说，液晶面板包含了两片相当精致的无钠玻璃，中间夹着一层液晶。当光束通过这层液晶时，液晶本身会排排站立或扭转呈不规则状，因而阻隔或使光束顺利通过。大多数液晶都属于有机复合物，由长棒状的分子构成。在自然状态下，这些棒状分子的长轴大致平行。将液晶倒入一个经精良加工的开槽平面，液晶分子会顺

图 8-3　液晶显示器

着槽排列，所以假如那些槽非常平行，则各分子也是完全平行的。给液晶盒通电或断电的办法使光改变其透－遮住状态，从而实现显示。上下偏振片为正交或平行方向时显示表现为常白或常黑模式。当然，要能显示各种图像还需要先进的制造技术以及复杂的控制电路。彩色LCD 中，每个画素分成三个单元，或称子画素，附加的滤光片分别标记红色、绿色和蓝色。三个子画素可独立进行控制，对应的画素便产生了成千上万甚至上百万种颜色。老式的阴极射线显示器（CRT）采用同样的方法显示颜色，根据需要，颜色组件按照不同的画素几何原理进行排列。

　　LCD 可透射显示，也可反射显示，取决于它的光源放在哪里。透射型 LCD 由一个屏幕背后的光源照亮，而观看则在屏幕另一边（前面）。这种类型的 LCD 多用在需高亮度显示的应用中，例如电脑显示器、PDA 和手机中。用于照亮 LCD 的照明设备的功耗往往高于LCD 本身。反射型 LCD 常见于电子钟表和计算机中，由后面的散射的反射面将外部的光反射回来照亮屏幕。这种类型的 LCD 具有较高的对比度，因为光线要经过液晶两次，所以被削减了两次。不使用照明设备明显降低了功耗，因此使用电池的设备电池使用更久。因为小型的反射型 LCD 功耗非常低，以至于光电池就足以给它供电，因此常用于袖珍型计算器。半穿透反射式 LCD 既可以当做透射型使用，也可当做反射型使用。当外部光线很足的时候，该 LCD 按照反射型工作，而当外部光线不足的时候，它又能当做透射型使用。

液晶屏幕和传统的 CRT 显示屏相比，具有明显的优势，主要体现在以下几个方面：

（1）液晶显示器与传统 CRT 相比最大的优点还是在于耗电量和体积，对于传统 17 英寸 CRT 来讲，其功耗几乎都在 80W 以上，而 17 英寸液晶显示器的功耗大多数都在 40W 上下，这样算下来，液晶在节能方面可谓优势明显。

（2）与传统 CRT 相比液晶显示器在环保方面也表现的优秀，这是因为液晶显示器内部不存在像 CRT 那样的高压元器件，所以其不至于出现由于高压导致的 X 射线超标的情况，所以其辐射指标普遍比 CRT 要低一些。

（3）由于 CRT 显示器是靠偏转线圈产生的电磁场来控制电子束的，而电子束在屏幕上不可能绝对定位，所以 CRT 显示器往往会存在不同程度的几何失真和线性失真情况。液晶显示器由于其原理不会出现任何的几何失真和线性失真。但是，液晶显示器也存在自身不可避免的缺点，如由于它们不是发光型显示器，在暗处的清晰度、视角以及环境温度都会受到限制。

液晶显示材料凭借其具有驱动电压低、功耗微小、可靠性高、显示信息量大、彩色显示、无闪烁、对人体无危害、生产过程自动化、成本低廉、便于携带等优点，可以制成各种规格和类型的液晶显示器，对显示显像产品结构产生了深刻影响，大大促进了微电子技术和光电信息技术的发展。

胆甾相液晶是由多层向列型液晶堆积所形成，也称为旋光性的液晶，因为分子具有非对称碳中心，所以分子的排列呈螺旋平面状排列，面与面之间互相平行，而分子在各个平面上为向列型液晶。液晶的排列方式，由于各个面上的分子长轴方向不同，即两个平面上的分子长轴方向夹着一个角度；当两个平面上的分子长轴方向相同时，这两平面之间的距离会随着温度的不同而改变，因此会产生不同波长的选择性反射，产生不同的颜色变化，故常应用于温度传感器。例如，液晶能随着温度的变化，使颜色从红变绿、蓝，这样可以指示出某个实验中的温度。还根据变色原理制成鱼缸中常看到的温度计。在医疗上，皮肤癌和乳癌的检测也可在可疑部位涂上胆甾相液晶，然后与正常皮肤显色比对（由于癌细胞代谢速度比一般细胞快，所以温度会比一般细胞高）。液晶遇上氯化氢、氢氰酸之类的有毒气体也会变色。在化工厂，人们把液晶片挂在墙上，一旦有微量毒气逸出，液晶变色了，就提醒人们赶紧检查、补漏。

知 识 拓 展 ~~~~~~~~~~~~~~~~~

液晶的历史

　　早在 1850 年，普鲁士医生鲁道夫·菲尔绍（Rudolf Virchow）等人就发现神经纤维的萃取物中含有一种不寻常的物质。1877 年，德国物理学家奥托·雷曼（Otto Lehmann）运用偏光显微镜首次观察到了液晶化的现象，但他对此现象的成因并不了解。奥地利布拉格德国大学的植物生理学家斐德烈·莱尼泽（Friedrich Reinitzer）在加热安息香酸胆固醇脂（Cholesteryl Benzoate）研究胆固醇在植物内的角色时，于 1883 年 3 月 14 日观察到胆固醇苯甲酸酯在热熔时的异常表现。它在 145.5℃ 时熔化，产生了带有光彩的混浊物，温度升到 178.5℃ 后，光彩消失，液体透明。将此澄清液体稍微冷却，混浊物又出现，瞬间呈现蓝色，在结晶开始的前一刻，颜色是蓝紫色的。莱尼泽反复确定他的发现后，向德国物理学家雷曼请教。当时雷曼制造了一台具有加热功能的显微镜，他们用这台显微镜研究这种材料的降温结晶过程，后来又加上偏光镜，这是深入研究莱尼泽的化合物最理想的仪器。从那时开始，雷曼的精力完全集中在该物类物质的研究上。刚开始他将这些材料定义为软晶体，然后改称晶态流体，最后深信偏振光性质是该结晶特有的现象，又将名字改为流动晶体（Fliessende Kristalle）。这个名称与液晶（Flussige Kristalle）的差别只有一步之遥了。莱尼泽和雷曼后来被誉为液晶之父。液晶自被发现后，人们并不知道它有何用途，直到 1968 年，人们才把它作为电子工业上的材料。

思 考 题

8-1 液晶的定义是什么?

8-2 热致型液晶的分类有哪些,它们之间的异同点是什么?

8-3 请阐述液晶材料用于显示屏的显示原理。

8-4 液晶显示与传统的 CRT 显示方式相比有哪些优势?

9 敏 感 材 料

关键词：敏感材料，热敏材料，气敏材料，湿敏材料，压敏材料，压电陶瓷

当您走到一些宾馆的门口时，大门会自动为您打开。空调设定好温度时可以自动控温。将煤气灶的按钮轻轻一按，立即燃起蓝色火焰。将一块看似平淡无奇的陶瓷接上导线和电流表，用手在上面一摁，电流表的指针也跟着发生摆动。当燃气发生泄漏或者室内发生火灾时，报警器会忽然响起。这些日常生活中常见的现象背后是什么在起作用呢？

9.1 基 本 概 念

电、磁、光、热、化学敏感、能量转换等功能取决于材料的组成、结构和表面状况，其中离子、电子、空穴的浓度和输送所引起的电学性质是最基本、最常见的物理性能。敏感材料是指能将各种物理的或化学的非电参量转换成电参量的功能材料。这类材料的共同特点是电阻率随温度、电压、湿度以及周围气体环境等的变化而变化。用敏感材料制成的传感器具有信息感受、交换和传递的功能，可分别用于热敏、气敏、湿敏、压敏、声敏以及色敏等不同领域。敏感材料对各种传感器的开发应用具有重要意义，对遥感技术、自动控制技术、化工检测、防爆、防火、防毒、防止缺氧以及家庭生活现代化等都有直接的关系。

9.2 各种敏感材料

下面介绍热敏、气敏、湿敏、压敏等几种敏感材料。

9.2.1 热敏材料

热敏材料是指材料的某些性能随着温度的变化而发生变化的一种材料。目前一般分为热敏电阻材料和热释电材料。热敏电阻材料是指材料的电阻值随温度的变化而变化，又可分为正温度系数热敏电阻材料、负温度系数热敏电阻材料和临界热敏电阻材料。

材料所具有的电阻值随着温度的上升而增大的特性，即具有正温度系数，称为 PTC 热敏电阻。典型的 PTC 热敏材料体系有 $BaTiO_3$、以 $BaTiO_3$ 为基的 $BaTiO_3 - SrTiO_3 - PbTiO_3$ 固溶体、以氧化钡和氧化溴为基的多元材料等。其中以 $BaTiO_3$ 材料最具代表性，它是当前研究的最成熟、实用范围最广的 PTC 热敏材料。PTC 热敏材料的特殊性能在于通过组成变化，即借助能够改变居里温度的添加剂的多少，可使其居里温度大幅度移动，从而也就扩大了它的应用场合。如纯 $BTiO_3$ 的常温电阻率为 $10^{12} \Omega \cdot cm$，若在其中加入微量的稀土元素，其常温电阻率可下降到 $10^{-2} \sim 10^4 \Omega \cdot cm$。若温度超过材料的居里温度，则电阻率在几十度的温度范围内能增大 $3 \sim 10$ 个数量级，即产生 PTC 效应。

PTC 热敏电阻是 20 世纪 70 年代后期在发达国家出现的新型电器元件，在家电、机电、汽车、医疗器械、煤矿、石油、化工等众多领域中不断开发出新的应用，如彩色电视、自动消磁装置、电驱蚊器、电冰箱启动器、电机保护、家用发热体等。

材料的电阻值随温度的上升而减小的特性，即具有负温度系数，称为 NTC 热敏电阻。NTC 热敏电阻是研究最早、生产最成熟、应用最广泛的热敏材料之一。这类热敏材料大都是用锰、钴、镍、铁等过渡金属氧化物按一定配比混合，采用陶瓷工艺制备而成，如在 NiO 中掺入微量 Li_2O，或 CaO、FeO、MnO_2 中掺入 Li_2O 形成的 P 型半导体。NTC 热敏电阻可广泛应用于油温、控温、稳压、温度补偿及延迟等电路和设备中。由于其具有灵敏度高、时间常数小、寿命长、可靠性高和价格便宜等优点，因而在工业、农业、轻工业以及国防、科研等方面均有广泛的应用，如在日常生活中，它已经广泛用于空调机、电冰箱、热水器、电子体温计等家用电器的温度检测与控制电路中。在工业设备中，它常用于精密温度计、温差计和发动机水温检测装置中。在电子设备中，许多元器件的特性随温度变化而变化，因而影响电子设备性能的稳定性。采用 NTC 热敏电阻可以补偿这些特性的变化，使电子设备的性能更加稳定。在各类快速充电设备中，当电池充足电后，温度迅速上升，若不及时中止快速充电，将会严重影响电池的寿命。另外，当环境温度过低时，为了不影响电池的寿命，也不允许快速充电。因此，目前在比较先进的快速充电器中都加有由 NTC 热敏电阻组成的电池超温、欠温保护电路。

材料所具有的电阻值随温度的升高而下降，当在某一温度下电阻值突然减小（下降达 2~4 个数量级）的特性，即具有临界温度特性，称为 CTR 热敏电阻。属于这种材料的有氧化钒系的非线性电阻材料，这种材料是 V_2O_5 与钡、硅、磷等的氧化物混合后，在含有 H_2、CO_2、混合气体的弱还原气氛中烧结而成，其居里点的温度可以通过添加锗、镍、钨、锰等元素来控制。利用这类热敏电阻可以制成固态无触点开关，广泛用于温度自动控制、过热保护、火灾报警器及制冷设备中。

热释电材料是指材料两端产生的电压随温度变化而变化的一类功能材料。其主要特点是材料随着温度的变化会引起材料内部介质的极化。如果加热该材料，材料的两端会产生效量相等、符号相反的电荷。如果将其冷却，电荷的极性与加热时恰好相反，材料的这种性质称为热释电性。这种热释电效应是由于材料的晶体中存在着自发极化所引起的。自发极化与感应极化不同，它不是由外电场作用而发生的，而是由于材料本身的结构在某个方面上正、负电荷重心不重合而引起的。当温度恒定时，电自发极化出现在表面的电荷与吸附存在于空气中相反的电荷产生电中和。若温度发生变化，自发极化的大小发生变化，于是中性状态受到破坏而产生电荷的不平衡。

热释电材料对温度十分敏感。例如，有一种热释电材料，当环境温度变化 1℃ 时，则在 $1cm^2$ 的热释电瓷片的两端即可产生 300V 的电位差，由此可见这种材料的敏感程度。现在的电压测量技术完全可以测量微伏级的信号，所以利用这样的敏感元件就能测得 10^{-5} ~ 10^{-6}℃ 的温度变化。另外，用热释电材料制成的测温元件与普通的热电偶元件比较，后者要用两种材料，而它只要一种材料即可制成，因此体积很小。

具有热释电效应的材料有上千种，但目前能应用的仅十几种，如锆铁酸铅镧，这是近年来才发展起来的透明陶瓷材料，其工作温度可高达240℃。热释电材料除用于测量温度外，当受到激光或红外线辐射时，热释电体也可以很灵敏地测量出辐照剂量，所以又可以制成各种红外探测器件，若制成可以大面积接受信号的热摄像管，在国防等方面将具有特殊的用途。

9.2.2　气敏材料

气敏材料是指材料的电阻随周围气体环境的变化而变化的一类功能材料。利用这种材料与相应的电子线路则可组成"电子鼻"，它不仅能区分不同的气体，而且可以指示浓度。例如，在 ZrO_2 中固溶 CaO、MgO、Y_2O_3 等而得到一种掺杂的氧化锆材料，这种材料的晶格中产生了缺陷，有利于氧离子在其中的移动；同时这种材料又具有多孔性，使气体容易渗透进去，因此可以用来制成测定氧分压的传感器。这种传感器响应速度快，电动势稳定，可测定氧分压范围宽，且耐高温，现已大量用于汽车排气和炼钢过程中氧的检测。除了氧化锆用于氧气的传感器外，氧化钛系亦可制成氧气的传感器。其他气体传感器可使用氧化锡、氧化锌、氧化镍、氧化铬、氧化钒、氧化铁、氧化钨等多种材料，用于检测 H_2、CO_2、烃等。例如 SnO_2、ZnO 等半导体材料，在通常的气体介质中吸附氧气，电阻变大，而一旦接触丙烷气、氢气等可燃性气体时，与吸附的氧气发生反应，使电阻变小，因此通过电阻的变化可以检查可燃性气体是否泄漏。

利用气敏材料制成的敏感元件近几十年来在国内外已有了很大的发展，其检测灵敏度通常为百万分之一的数量级，个别甚至可达十亿分之一的数量级，远远超过了动物的嗅觉感知度，故有"电子鼻"之称。气敏材料已经在石油、化工、煤矿、汽车制造、电子、发电等工业部门以及环境监测、住宅有害气体报警、国防等部门进入了实用化阶段。

9.2.3 湿敏材料

湿敏材料是指材料的电阻值随所处环境的湿度变化而变化的材料，又称为湿敏电阻。它是在电绝缘物质中渗入容易吸潮的物质，如氯化锂、氧化锌等加工而成。它能将湿度的变化转换成电的信号，所以又称湿度传感器。有了它就可以实现湿度的自动指示、自动记录、自动控制与调节。自 20 世纪 60 年代后期以来，湿敏材料发展迅速，品种、型号较多，现在简单介绍以下三种类型。

9.2.3.1 涂覆膜型

这类湿敏电阻是由感湿粉料经调浆、涂覆、干固而成。可用的粉料有 Fe_3O_4、Fe_2O_3、Cr_2O_3、Al_2O_3、Sb_2O_3、TiO_2、SnO_2、ZnO、CoO、CuO、Cu_2O 或这些分子的混合体或再添加一些碱金属氧化物以提高其湿度敏感性，其中比较典型的性能较好的是以 Fe_3O_4 为粉料的湿敏元件。

9.2.3.2 烧结体型

这类湿敏电阻的感湿体是通过典型的陶瓷工艺制成的，通常都是孔隙率达 25% ~40% 的多孔性陶瓷，以增加自由表面，强化其湿敏作用。属于这类的有 $Si - Na_2O - V_2O_5$ 系、$ZnO - Li_2O - V_2O_5$ 系、$MgCr_2O_4 - TiO_2$ 系等。

9.2.3.3 厚膜型

所谓厚膜型，实质上与涂覆层差不多，它是采用印刷的方式来制备。通过在衬底上印刷厚度约 $50\mu m$ 的湿敏膜，然后自然干燥再烧结而成，其孔隙率较大。这类材料有 $MnWO_4$、$NiWO_4$、$ZnCrO_4$、$MgCr_2O_4$ 等。

所有这些材料均富含开口气孔，易于吸收水蒸气，其导电率随水分吸收的多少而变化，因此可以用来检测湿度。如铬酸镁和氧化钛的混合物涂敷在带有电极的陶瓷极上做成的感湿元件能测量小于 1% 的低湿度，是一种很理想的湿敏材料。

采用湿敏材料做成的湿敏传感器已经广泛地用于工业制造、医疗卫生、林业和畜牧业等各个领域。在家用电器中用于生活区的环境条件监控、食品烹调器具和干燥机的控制等。如在微波炉中，湿敏传感器用于监测食品烹制成熟程度。食品原料或多或少地含有水分，加热时它们将蒸发成水气，因此通过测定炉中的湿度可以监控食品的加工过程。微波炉的烹调过程可分为两个阶段。第一个阶段（初始加热过程）中，磁控管启动后食品开始加热。相对湿度开始时增大，但然后开始减少，并达到某个最低值。进入第二阶段时，继续加热又产生更多的水蒸气，相对湿度重新增大，一直到食品最终加工完成。第二阶段包括的时间是从相对湿度的最低谷开始，一直到烹调的完成。显然，这个时间的长短与食品原料有关，因此它的设定应与初始加热时间成比例，并按不同食品原料性质调整。食品味道的改变在很大程度上也与其中水分含量有关，控制水分含量就能保持所生产食品的质量。在食品制造工业中，对生产线的在线过程全都需要对水分含量进行监测。利用湿敏材料制成的湿度传感器还可以实现在一个主控中心直接显示出分散在各处的粮仓、坑道、弹药库、气象站等不同部位的湿度，并做出定时记录，或通过自动装置加以控制调节，这是非电测湿装置难以完成的。特别对边远山区、危难地段以及高空云层的气象探测更是如此，所以湿敏材料的进一步改善和提高质量、简化结构、降低成本是非常有意义的。

9.2.4 压敏材料

压敏材料是指材料的电阻值随加于其上电压不同而显著变化的非欧姆性电阻材料。某些材料在机械力作用下产生变形，会引起表面带电的现象，而且其表面电荷密度与应力成正比，这称为正压电效应。反之，在某些材料上施加电场，会产生机械变形，而且其应变与电场强度成正比，这称为逆压电效应。如果施加的是交变电场，材料将随着交变电场的频率做伸缩振动。施加的电场强度越强，振动的幅度越大。正压电效应和逆压电效应统称为压电效应（见图 9 - 1）。如果压力是一种高频震动，则产生的就是高频电流。而高频电信号加在压电陶瓷上时，则产生高频声信号（机械震动），这就是我们平常所说的超声波信号。也就是说，压电效应是指机械能与电能之间的转换和逆转换，这种奇妙的效应已经被科学家应用在与人们生活密切相关的许多领域，以实现能量转换、传感、驱动、频率控制等功能。

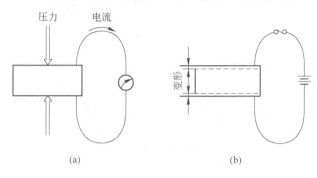

图9-1 压电效应

（a）正压电效应；（b）逆压电效应

具有压电效应的材料称为压电材料。

压电材料是指受到压力作用时会在材料的两端面间出现电压的晶体材料，或者说是一种能够将机械能和电能互相转换的功能材料。压电材料可以因机械变形产生电场，也可以因电场作用产生机械变形，这种固有的机-电耦合效应使得压电材料在工程中得到了广泛的应用。例如，压电材料已被用来制作智能结构，此类结构除具有自承载能力外，还具有自诊断性、自适应性和自修复性等功能，在未来的飞行器设计中占有重要的地位。

压电材料分为无机压电材料、有机压电材料和复合压电材料，其中无机压电材料又分为压电晶体和压电陶瓷。压电晶体一般指压电单晶体，是指按晶体空间点阵长程有序生长而成的晶体。这种晶体结构无对称中心，因此具有压电性，如水晶（石英晶体）、镓酸锂、锗酸锂、锗酸钛以及铁晶体管铌酸锂、钽酸锂等。压电陶瓷（见图9-2）是指用必要成分的原料进行混合、成型、高温烧结，由粉粒之间的固相反应和烧结过程而获得的微细晶粒无规则集合而成的多晶体，如钛酸钡、锆钛酸铅、改性锆钛酸铅、偏铌酸铅、铌酸铅钡锂、改性钛酸铅等。相比较而言，压电陶瓷压电性强、介电常数高、可以加工成任

图 9 - 2　压电陶瓷

意形状，但机械品质因子较低、电损耗较大、稳定性差，因而适合应用于大功率换能器和宽带滤波器等，但对高频、高稳定应用不理想。石英等压电单晶压电性弱，介电常数很低，受切型限制存在尺寸局限，但稳定性很高，机械品质因子高，多用来作标准频率控制的振子、高选择性的滤波器以及高频、高温超声换能器等。与压电单晶材料相比，压电陶瓷的特点是制造容易，可做成各种形状，可任意选择极化轴方向，易于改变瓷料的组分而得到具有各种性能的瓷料，成本低，适于大量生产。但由于是多晶材料，所以使用频率受到限制。压电陶瓷主要用于制造超声、水声、电声换能器，陶瓷滤波器，陶瓷变压器以及点火、引爆装置。

　　有机压电材料又称压电聚合物，如聚偏氟乙烯薄膜及以其为代表的其他有机压电薄膜材料。这类材料材质柔韧，低密度、低阻抗和高压电电压常数等优点为世人瞩目，且发展十分迅速，在水声超声测量、压力传感、引燃引爆等方面获得应用。不足之处是其压电应变常数偏低，作为有源发射换能器受到很大的限制。

　　复合压电材料是在有机聚合物基底材料中嵌入片状、棒状、杆状或粉末状压电材料制成的，至今已在水声、电声、超声、医学等领域得到广泛的应用。如果用它制成水声换能器，不仅具有高的静水压响应速率，而且耐冲击，不易受损。

　　压电材料的应用领域可以粗略分为：振动能和超声振动能－电能

换能器应用，包括电声换能器、水声换能器和超声换能器等，以及其他传感器和驱动器应用。

（1）换能器。换能器是将机械振动转变为电信号或在电场驱动下产生机械振动的器件。它的设计利用了压电双晶片或压电单晶片在外电场驱动下的弯曲振动，利用上述原理可生产电声器件如麦克风、立体声耳机和高频扬声器。目前对压电电声器件的研究主要集中在利用压电聚合物的特点，研制运用其他现行技术难以实现的、具有特殊电声功能的器件，如抗噪声电话、宽带超声信号发射系统等。压电水声换能器研究初期均瞄准军事应用，如用于水下探测的大面积传感器阵列和监视系统等，随后应用领域逐渐拓展到地球物理探测、声波测试设备等方面。压电换能器在生物医学传感器领域，尤其是超声成像中，获得了最为成功的应用。

（2）压电驱动器。压电驱动器利用逆压电效应将电能转变为机械能或机械运动。驱动器主要以聚合物双晶片为基础，包括利用横向效应和纵向效应两种方式，基于聚合物双晶片开展的驱动器应用研究有显示器件控制、微位移产生系统等，要使这些创造性设想获得实际应用，还需要进行大量研究。电子束辐照共聚合物使该材料具备了产生大伸缩应变的能力，从而为研制新型聚合物驱动器创造了有利条件。在潜在国防应用前景的推动下，利用辐照改性共聚物制备全高分子材料水声发射装置的研究，在美国军方的大力支持下正在系统地进行之中。除此之外，利用辐照改性共聚物的优异特性，研究开发其在医学超声、减振降噪等领域的应用，还需要进行大量的探索。

（3）传感器。压电式压力传感器是利用压电材料所具有的压电效应制成的，它是工业实践中最为常用的一种传感器，这样的传感器也称为压电传感器。压电式压力传感器的优点是具有自生信号，输出信号大，较高的频率响应，体积小，结构坚固。其缺点是只能用于动能测量，需要特殊电缆，在受到突然振动或过大压力时，自我恢复较慢。由于压电材料的电荷量是一定的，所以在连接时要特别注意，避免漏电。

压电式加速度传感器是一种常用的加速度计，它具有结构简单、体积小、质量轻、使用寿命长等优异的特点。压电式加速度传感器在飞机、汽车、船舶、桥梁和建筑的振动和冲击测量中已经得到了广泛的应用，特别是在航空航天领域中更具有特殊地位。压电式传感器可用于发动机内部燃烧压力的测量与真空度的测量，也可以用于军事工业，例如用它测量枪炮子弹在膛中击发的一瞬间膛压的变化和炮口的冲击波压力。它既可以用来测量大的压力，也可以用来测量微小的压力。

压电材料除了以上用途外还有其他相当广泛的应用，如鉴频器、压电振荡器、变压器、滤波器等。

知 识 拓 展 ∼∼∼∼∼∼∼∼∼∼∼∼∼∼∼∼∼∼∼

压电陶瓷神奇的应用

压电陶瓷具有敏感的特性，可以将极其微弱的机械振动转换成电信号，可用于声纳系统、气象探测、遥测环境保护、家用电器等。地震是毁灭性的灾害，而且震源始于地壳深处，以前很难预测，使人类陷入了无计可施的尴尬境地。压电陶瓷对外力的敏感使它甚至可以感应到十几米外飞虫拍打翅膀对空气的扰动，用它来制作压电地震仪，能精确地测出地震强度，指示出地震的方位和距离。这不能不说是压电陶瓷的一大奇功。

在能量转换方面，利用压电陶瓷将外力转换成电能的特性可以制造出压电点火器、移动X光电源、炮弹引爆装置。利用压电陶瓷把电能转换成超声振动，可以用来探寻水下鱼群的位置和形状，对金属进行无损探伤，以及超声清洗、超声医疗，还可以做成各种超声切割器、焊接装置及烙铁，对塑料甚至金属进行加工。谐振器、滤波器等频率控制装置是决定通信设备性能的关键器件，压电陶瓷在这方面具有明显的优越性。它频率稳定性好、精度高、适用频率范围宽，而且体积小、不吸潮、寿命长，特别是在多路通信设备中能提高抗干扰性，使以往的电磁设备无法望其项背而面临被替代的命运。压电陶瓷在电场作用下产生的形变量很小，最多不超过本身尺寸的千万分之一，别小看这微小的变化，基于这个原理制作的精确控制机构——压电驱动器，对于精密仪器和机械的控制、微电子技术、生物工程等领域都是一大福音。

在潜入深海的潜艇上，都装有人称水下侦察兵的声纳系统，它是水下导航、通信、侦察、清扫水雷的不可缺少的设备，也是开发海洋资源的有力工具，它可以探测鱼群、勘查海底地形地貌等。在这种声纳系统中，有一双明亮的"眼睛"——压电陶瓷水声换能器。当水声换能器发射出的声信号碰到一个目标后就会产生反射信号，这个反射信号被另一个接收型水声换能器接收，于是，就发现了目标。目前，压电陶瓷是制作水声换能器的最佳材料之一。在医学上，医生将压电陶瓷探头放在人体的检查部位，通电后发出超声波，传到人体碰到人体的组织后产生回波，然后把这回波接收下来，显示在荧光屏上，医生便能了解人体内部状况。

在工业上，地质探测仪里有压电陶瓷元件，用它可以判断地层的地质状况，查明地下矿藏。另外电视机里的变压器——电压陶瓷变压器，体积变小、质量减轻，效率可达 60% ~ 80%，能耐 3 万伏的高压，使电压保持稳定，完全消除了电视图像模糊变形的缺陷。现在国外生产的电视机大都采用了压电陶瓷变压器。一只 15 英寸的显像管，使用 75mm 长的压电陶瓷变压器就行了。这样可使电视机体积变小、质量减轻。

压电陶瓷也广泛用于日常生活中。用两个直径 3mm、高 5mm 的压电陶瓷柱取代普通的火石制成的气体电子打火机，可连续打火几万次。利用同一原理制成的电子点火枪是点燃煤气炉极好的用具。生产厂家在这类压电点火装置内装有一块压电陶瓷，当用户按下点火装置的弹簧时，传动装置就把压力施加在压电陶瓷上，使它产生很高的电压，进而将电能引向燃气的出口放电，于是，燃气就被电火花点燃了。还有用压电陶瓷元件制作的儿童玩具，比如在玩具小狗的肚子中安装压电陶瓷制作的蜂鸣器，玩具都会发出逼真有趣的声音。我们再来看一种新型自行车减振控制器，一般的减振器难以达到平稳的效果，而这种减振控制器通过使用压电材料可以提供连续可变的减振功能。一个传感器以每秒 50 次的速率监测冲击活塞的运动，如果活塞快速动作，一般是由于行驶在不平地面而造成的快速冲击，这时需要启动最大的减振功能；如果活塞运动较慢，则表示路面平坦，只需使用较弱的减振功能。可以说，压电陶瓷虽然是新材料，却颇具平民性。它用于高科技，但更多的是在生活中为人们服务，创造美好的生活。

思 考 题

9-1　什么是敏感材料，常见的敏感材料有哪几类？

9-2　热敏材料的原理是什么？请列举出常用的正温度系数的热敏陶瓷材料。

9-3　湿敏材料的种类有哪些？

9-4　请列举出压敏材料的应用领域。

10 纳 米 材 料

关键词：纳米，纳米材料，纳米科技，表面效应，量子尺寸效应，宏观量子隧道效应

诺贝尔奖获得者 Feyneman 在 20 世纪 60 年代曾经预言：如果我们能够随心所欲地控制和操纵单个原子，我们就能使物体具有大量的、异乎寻常的特性，就会看到材料的性能产生丰富的变化。例如我们可以将煤变成金刚石，将沙子（加上某些特征元素）变成计算机中所用的芯片，利用粉尘、水和空气制造出土豆来。他所说的材料就是现在的纳米材料。情况真的是如此么？

10.1 基 本 概 念

"纳米"是英文 nanometer 的译名。另一种说法是"纳米"一词源自于拉丁文"NANO"，意思是"矮小"。纳米是一个长度度量单位，$1nm = 10^{-9}m$，也就是十亿分之一米。如果将 $1m$ 与 $1nm$ 相比，就相当于地球与一个玻璃弹球相比。人的一根头发直径约为 $80\mu m$，即 $80000nm$，如果一个汉字写入尺寸为 $10nm$，那么在一根头发丝的直径上就可写入 8000 字，相当于一篇较长的科技论文的容量。图 10-1 给出了各种物体的大致尺寸。

广义地说，纳米材料是指在三维空间中至少有一维处在纳米尺度范围（$1 \sim 100nm$）或由它们作为基本单元构成的材料。从材料的结构单元层次来说，纳米介于宏观物质和微观原子、分子的中间领域。从通常的关于微观和宏观的观点看，这样的系统既非典型的微观系统亦非典型的宏观系统，是一种典型的介观系统。对纳米材料的研究将使人们从微观到宏观的过渡有更深入的认识。

在纳米材料中，界面原子占极大比例，而且原子排列互不相同，界面周围的晶格结构互不相关，从而构成与晶态、非晶态均不同的一

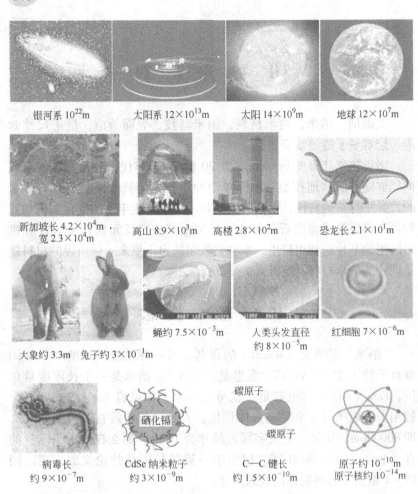

银河系 10^{22} m　　太阳系 12×10^{13} m　　太阳 14×10^{9} m　　地球 12×10^{7} m

新加坡长 4.2×10^{4} m，
宽 2.3×10^{4} m　　高山 8.9×10^{3} m　　高楼 2.8×10^{2} m　　恐龙长 2.1×10^{1} m

蝇约 7.5×10^{-3} m　　人类头发直径
约 8×10^{-5} m　　红细胞 7×10^{-6} m

大象约 3.3m　兔子约 3×10^{-1} m

病毒长
约 9×10^{-7} m　　CdSe 纳米粒子
约 3×10^{-9} m　　C—C 键长
约 1.5×10^{-10} m　　原子约 10^{-10} m
原子核约 10^{-14} m

图 10-1　各种物体的大致尺寸

种新的结构状态。在纳米材料中，纳米晶粒和由此而产生的高浓度晶界是它的两个重要特征。纳米晶粒中的原子排列已不能处理成无限长程有序，高浓度晶界及晶界原子的特殊结构导致材料的力学性能、磁性、介电性、超导性、光学乃至热力学性能的改变。纳米相材料跟普通的金属、陶瓷和其他固体材料都是由同样的原子组成，只不过这些原子排列成了纳米级的原子团，成为组成这些新材料的结构粒子或结构单元。常规纳米材料中的基本颗粒直径不到 100nm，包含的原子不到几万个。一个直径为 3nm 的原子团包含大约 900 个原子，几乎是英文里一个句点的百万分之一，这个比例相当于一条 300 多米长的帆船跟整个地球的比例。

纳米科技是以 1~100nm 尺度的物质或结构为研究对象的一门新兴学科，就是指通过一定的微细加工方式，按照人的意志直接操纵原子、分子或原子团、分子团，使其重新排列组合，形成新的具有纳米尺度的物质或结构，研究其特性，并由此制造新功能的器件。纳米领域是目前材料科学研究的一个热点，其相应发展起来的纳米技术被公认为是 21 世纪最具有前途的科研领域。

10.2 纳米材料的特性

由于纳米粒子细化，晶界数量大幅度增加，可使纳米材料对光、磁、电、机械应力等的反应完全不同于微米或毫米级的结构颗粒，使得纳米材料在宏观上显示出许多奇妙的特性。

10.2.1 表面与界面效应

这是指纳米晶体粒子表面原子数与总原子数之比随粒径变小而急剧增大后所引起的性质上的变化，如图 10-2 所示。

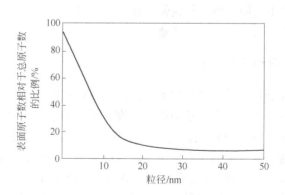

图 10-2　表面原子数与总原子数之比随粒径的关系

从图 10-2 中可以看出，粒径在 10nm 以下，表面原子的比例迅速增加。当粒径降到 1nm 时，表面原子数比例达到约 90% 以上，原子几乎全部集中到纳米粒子的表面。由于纳米粒子表面原子数增多，表面原子配位数不足和高的表面能，使这些原子易与其他原子结合而稳定下来，故具有很高的化学活性。如金属纳米粒子在空气中会燃烧，无机纳米粒子会吸附气体等。

10.2.2 量子尺寸效应

当纳米粒子尺寸下降到一定值时，费米能级附近的电子能级由连续能级变为分立能级，并且纳米半导体微粒存在不连续的最高被占据的分子轨道能级和最低未被占据的分子轨道能级，使得能隙变宽的现象，被称为纳米材料的量子尺寸效应。当纳米粒子的尺寸与光波波长、德布罗意波长、超导态的相干长度与磁场穿透深度相当或更小时，晶体周期性边界条件将被破坏，非晶态纳米微粒的颗粒表面层附近的原子密度减小，导致声、光、电、磁、热、力学等特性出现异常，如光吸收显著增加、超导相向正常相转变、金属熔点降低、增强微波吸收等。如利用等离子共振频移随颗粒尺寸变化的性质，可以改变颗粒尺寸，控制吸收边的位移，制造具有一定频宽的微波吸收纳米材料，用于电磁波屏蔽、隐形飞机等。又如有种金属纳米粒子吸收光线能力非常强，在 1.1365kg 水里只要放入千分之一这种粒子，水就会变得完全不透明。纳米相铜强度比普通铜高 5 倍，纳米相陶瓷是摔不碎的，这与大颗粒组成的普通陶瓷完全不一样。

10.2.3 宏观量子隧道效应

微观粒子具有贯穿势垒的能力，称为隧道效应。近年来，人们发现一些宏观量，例如微颗粒的磁化强度、量子相干器件中的磁通量以及电荷等亦具有隧道效应，它们可以穿越宏观系统的势垒而产生变化，故称为纳米粒子的宏观量子隧道效应 MQT（Macroscopic Quantum Tunneling）。这一效应与量子尺寸效应一起，确定了微电子器件进一步微型化的极限，也限定了采用磁带磁盘进行信息储存的最短时间。

以上三种效应是纳米粒子与纳米固体的基本特性，它们使纳米粒子和固体呈现许多奇异的物理性质、化学性质，出现一系列"反常现象"，如金属为导体，但纳米金属微粒在低温由于量子尺寸效应会呈现电绝缘性，如铜颗粒达到纳米尺寸时就变得不能导电，绝缘的二氧化硅颗粒在 20nm 时却开始导电。纳米磁性金属的磁化率是普通金属的 20 倍。化学惰性的金属铂制成纳米微粒（箔黑）后，却成为活性极好的催化剂等。纳米材料从根本上改变了材料的结构，可望得到性能独特的新一代材料，为克服材料科学研究领域中长期未能解决的问题开拓了新的途径。

10.3 纳米材料的性能

纳米材料的特殊性能是由于纳米材料的特殊结构，使纳米材料在磁、热、光、电、催化、生物等方面具有奇异的特性，使其在诸多领域有着非常广泛的应用前景，并已经成为当今世界科技前沿的热点之一。

10.3.1 力学性质

高韧、高硬、高强是结构材料开发应用的经典主题。金属陶瓷作为刀具材料已有 50 多年历史，由于金属陶瓷的混合烧结和晶粒粗大的原因，其力学强度一直难以有大的提高。应用纳米技术制成超细或纳米晶粒材料时，其韧性、强度、硬度大幅提高，使其在刀具等领域占据了主导地位。陶瓷材料在通常情况下呈脆性，然而由纳米超微颗粒压制成的纳米陶瓷材料却具有良好的韧性。因为纳米材料具有大的界面，界面的原子排列是相当混乱的，原子在外力变形的条件下很容易迁移，因此表现出甚佳的韧性与一定的延展性，使陶瓷材料具有新奇的力学性质。人的牙齿之所以具有很高的强度，是因为它是由磷酸钙等纳米材料构成的。呈纳米晶粒的金属要比传统的粗晶粒金属硬 3~5 倍。

10.3.2 磁学性质

当代计算机硬盘系统的磁记录密度超过 $1.55Gb/cm^2$，在这种情况下，感应法读出磁头和普通坡莫合金磁电阻磁头的磁致电阻效应为3%，已不能满足需要，而纳米多层膜系统的巨磁电阻效应高达50%，可以用于信息存储的磁电阻读出磁头，具有相当高的灵敏度和低噪声。目前巨磁电阻效应的读出磁头可将磁盘的记录密度提高到1.71Gb/cm^2。同时纳米巨磁电阻材料的磁电阻与外磁场间存在近似线性的关系，所以也可以用作新型的磁传感材料。高分子复合纳米材料对可见光具有良好的透射率，对可见光的吸收系数比传统粗晶材料低得多，而且对红外波段的吸收系数至少比传统粗晶材料低 3 个数量级，磁性比 $FeBO_3$ 和 FeF_3 透明体至少高 1 个数量级，从而在磁光系统、磁光材料中有着广泛的应用。鸽子、海豚、蝴蝶、蜜蜂以及生活在水中的趋磁细菌等生物体中存在超微的磁性颗粒，使这类生物在地磁场导航下能辨别方向，具有回归的本领。利用磁性超微颗粒具有高矫顽力的特性，已做成高贮存密度的磁记录磁粉，大量应用于磁带、磁盘、磁卡以及磁性钥匙等。利用超顺磁性，人们已将磁性超微颗粒制成用途广泛的磁性液体，可用于旋转密封、润滑、电声器件、阻尼器件、矿物磁选等。

10.3.3　电学性质

由于晶界面上原子体积分数增大，纳米材料的电阻高于同类粗晶材料，甚至发生尺寸诱导金属 - 绝缘体转变。利用纳米粒子的隧道量子效应和库仑堵塞效应制成的纳米电子器件具有超高速、超容量、超微型、低能耗的特点，有可能在不久的将来全面取代目前的常规半导体器件。用碳纳米管制成的纳米晶体管，表现出很好的晶体三极管放大特性。根据低温下碳纳米管的三极管放大特性，成功研制出了室温下的单电子晶体管以及由碳纳米管组成的逻辑电路。

10.3.4　热学性质

纳米材料的比热容和线膨胀系数都大于同类粗晶材料和非晶体材料，这是由于界面原子排列较为混乱、原子密度低、界面原子耦合作用变弱的结果。因此在储热材料、纳米复合材料的机械耦合性能应用方面具有广泛的应用前景。例如，金的常规熔点为 1064℃，当颗粒尺寸减小到 10nm 时，则降低 27℃，2nm 时的熔点仅为 327℃ 左右。银的常规熔点为 670℃，而超微银颗粒的熔点可低于 100℃。因此，超细银粉制成的导电浆料可以进行低温烧结，此时元件的基片不必采用耐高温的陶瓷材料，甚至可用塑料。例如 $Cr - Cr_2O_3$ 颗粒膜对太阳光有强烈的吸收作用，从而有效地将太阳光能转换为热能。

10.3.5 光学性质

纳米粒子的粒径远小于光波波长。光透性可以通过控制粒径和孔隙率而加以精确控制，在光感应和光过滤中应用广泛。由于量子尺寸效应，纳米半导体微粒的吸收光谱一般存在蓝移现象，其光吸收率很大，所以可应用于红外线感测器材料。当黄金被细分到小于光波波长的尺寸时，即失去了原有的富贵光泽而呈黑色。事实上，所有的金属在超微颗粒状态都呈现为黑色。尺寸越小，颜色愈黑，银白色的铂（白金）变成铂黑。金属超微颗粒对光的反射率很低，通常可低于 1%，大约几微米的厚度就能完全消光。利用这个特性可以作为高效率的光热、光电等转换材料，可以高效率地将太阳能转变为热能、电能。改变颗粒尺寸，可改变吸收边的位置，用于不同波长电磁波的吸收屏蔽，制造隐形飞机。

10.4 应用及前景

10.4.1 陶瓷领域

陶瓷材料在日常生活及工业生产中起着举足轻重的作用。但是，由于传统陶瓷材料质地较脆，韧性、强度较差，因而使其应用受到了较大的限制。随着纳米技术的广泛应用，纳米陶瓷随之产生，希望以此来克服陶瓷材料的脆性，使陶瓷具有像金属一样的柔韧性和可加工性。英国材料学家 Cahn 指出纳米陶瓷是解决陶瓷脆性的战略途径。所谓纳米陶瓷是指显微结构中的物相具有纳米级尺度的陶瓷材料，也就是说晶粒尺寸、晶界宽度、第二相分布、缺陷尺寸等都是在纳米量级的水平上。如果多晶陶瓷是由大小为几个纳米的晶粒组成，则能够在低温下变为延性，能够发生 100% 的范性形变。许多专家认为，如能解决单相纳米陶瓷的烧结过程中抑制晶粒长大的技术问题，从而将陶瓷晶粒尺寸控制在 50nm 以下，则它将具有的高硬度、高韧性、低温超塑性、易加工等传统陶瓷无法比拟的优点。

虽然纳米陶瓷还有许多关键技术需要解决，但其优良的室温和高温力学性能、抗弯强度、断裂韧性，使其在切削刀具、轴承、汽车发动机部件等诸多方面都有广泛的应用，并在许多超高温、强腐蚀等苛刻的环境下起着其他材料不可替代的作用，具有广阔的应用前景。

10.4.2 纳米电子学

纳米电子学是纳米技术的重要组成部分，其主要思想是基于纳米粒子的量子效应来设计并制备纳米量子器件，它包括纳米有序（无序）阵列体系、纳米微粒与微孔固体组装体系、纳米超结构组装体系。纳米电子学的最终目标是将集成电路进一步减小，研制出由单原子或单分子构成的、在室温能使用的各种器件。

目前，利用纳米电子学已经研制成功各种纳米器件。单电子晶体管，红、绿、蓝三基色可调谐的纳米发光二极管以及利用纳米丝、巨磁阻效应制成的超微磁场探测器已经问世。具有奇特性能的碳纳米管的研制成功，为纳米电子学的发展起到了关键的作用。碳纳米管是由石墨碳原子层卷曲而成，径向尺层控制在 100nm 以下。电子在碳纳米管中的运动在径向上受到限制，表现出典型的量子限制效应，而在轴向上则不受任何限制。以碳纳米管为模子制备一维半导体量子材料，并不是凭空设想，如可以利用碳纳米管，将气相反应限制在纳米管内进行，从而生长出半导体纳米线。在硅衬底上碳纳米管阵列的自组织生长大大地推进碳纳米管在场发射平面显示方面的应用。碳纳米管独特的电学性能使其可用于大规模集成电路、超导线材等领域。

早在 1989 年，IBM 公司的科学家就已经利用隧道扫描显微镜上的探针成功地移动了氙原子，并利用它拼成了 IBM 三个字母（见图 10-3）。日本的 Hitachi 公司成功研制出单个电子晶体管，它通过控制单个电子运动状态完成特定功能，即一个电子就是一个具有多功能的器件。另外，日本的 NEC 研究所已经拥有制作 100nm 以下的精细

图 10 – 3   用隧道扫描显微镜上的探针
移动氙原子拼成的 IBM 字母

量子线结构技术，并在 GaAs 衬底上成功制作了具有开关功能的量子
点阵列。美国已研制成功尺寸只有 4nm 具有开关特性的纳米器件，
由激光驱动，并且开、关速度很快。美国威斯康星大学已制造出可容
纳单个电子的量子点。在一个针尖上可容纳这样的量子点几十亿个。
利用量子点可制成体积小、耗能少的单电子器件，在微电子和光电子
领域将获得广泛应用。此外，若能将几十亿个量子点联结起来，每个
量子点的功能相当于大脑中的神经细胞，再结合 MEMS（微电子机械
系统）方法，它将为研制智能型微型电脑带来希望。

纳米电子学立足于最新的物理理论和最先进的工艺手段，按照全
新的理念来构造电子系统，并开发物质潜在的储存和处理信息的能
力，实现信息采集和处理能力的革命性突破，纳米电子学将成为本世
纪信息时代的核心。

10.4.3　生物工程

众所周知，分子是保持物质化学性质不变的最小单位。生物分子
是很好的信息处理材料，每一个生物大分子本身就是一个微型处理
器，分子在运动过程中以可预测方式进行状态变化，其原理类似于计
算机的逻辑开关，利用该特性并结合纳米技术，可以此来设计分子计
算机。虽然分子计算机目前只是处于理想阶段，但科学家已经考虑应
用几种生物分子制造计算机的组件，其中细菌视紫红质最具前景。该
生物材料具有特异的热、光、化学物理特性和很好的稳定性，并且，
其奇特的光学循环特性可用于储存信息，从而起到代替当今计算机信
息处理和信息存储的作用。在整个光循环过程中，细菌视紫红质经历

几种不同的中间体过程，伴随相应的物质结构变化。到目前为止，还没有出现商品化的分子计算机组件。科学家们认为：要想提高集成度，制造微型计算机，关键在于寻找具有开关功能的微型器件。目前科学家们已经利用细菌视紫红质蛋白质制作出光导"与"门，利用发光门制成蛋白质存储器，还利用细菌视紫红质蛋白质研制模拟人脑联想能力的中心网络和联想式存储装置。纳米计算机的问世将会使当今的信息时代发生质的飞跃。它将突破传统极限，使单位体积物质的储存和信息处理的能力提高上百万倍，从而实现电子学上的又一次革命。

10.4.4 光电领域

纳米技术的发展使微电子和光电子的结合更加紧密，在光电信息传输、存贮、处理、运算和显示等方面的性能大大提高。将纳米技术用于现有雷达信息处理上，可使其能力提高 10 倍至几百倍，甚至可以将超高分辨率纳米孔径雷达放到卫星上进行高精度的对地侦察。但是要获取高分辨率图像，就必须用先进的数字信息处理技术。科学家们发现，将光调制器和光探测器结合在一起的量子阱自电光效应器件，将为实现光学高速数学运算提供可能。除了能提高效率以外，无能量阈纳米激光器的运行还可以得到速度极快的激光器。由于只需要极少的能量就可以发射激光，这类装置可以实现瞬时开关。已经有一些激光器能够以快于每秒钟 200 亿次的速度开关，适合用于光纤通信。由于纳米技术的迅速发展，这种无能量阈纳米激光器的实现将指日可待。

10.4.5 化工领域

纳米粒子作为光催化剂有着许多优点。首先是粒径小、比表面积大、光催化效率高。另外，纳米粒子生成的电子、空穴在到达表面之前，大部分不会重新结合。因此，电子、空穴能够到达表面的数量多，化学反应活性高。其次，纳米粒子分散在介质中往往具有透明性，容易运用光学手段和方法来观察界面间的电荷转移、质子转移、半导体能级结构与表面态密度的影响。目前，工业上利用纳米二氧化钛-三氧化二铁作光催化剂,用于废水处理,已经取得了很好的效果。

纳米静电屏蔽材料是纳米技术的另一重要应用。以往的静电屏蔽材料一般都是由树脂掺加炭黑喷涂而成,但性能并不是特别理想。为了改善静电屏蔽材料的性能,可以利用具有半导体特性的纳米氧化物粒子如 Fe_2O_3、TiO_2、ZnO 等做成涂料,由于具有较高的导电特性,因而能起到静电屏蔽作用。另外,氧化物纳米微粒的颜色各种各样,因而可以通过复合控制静电屏蔽涂料的颜色,这种纳米静电屏蔽涂料不但有很好的静电屏蔽特性,而且也克服了炭黑静电屏蔽涂料只有单一颜色的单调性。

在其他化工领域,如将纳米 TiO_2 粉体按一定比例加入到化妆品中,则可以有效地遮蔽紫外线。一般认为,其体系中只需含纳米 $0.5\% \sim 1\%$ 的 TiO_2,即可充分屏蔽紫外线。紫外线不仅能使肉类食品自动氧化而变色,而且还会破坏食品中的维生素和芳香化合物,从而降低食品的营养价值。如用添加 $0.1\% \sim 0.5\%$ 的纳米 TiO_2 制成的透明塑料包装材料包装食品,既可以防止紫外线对食品的破坏作用,还可以使食品保持新鲜。将金属纳米粒子掺杂到化纤制品或纸张中,可以大大降低静电作用。利用纳米微粒构成的海绵体状的轻烧结体,可用于气体同位素、混合稀有气体及有机化合物等的分离和浓缩,用于电池电极、化学成分探测器及作为高效率的热交换隔板材料等。纳米微粒还可用作导电涂料,用作印刷油墨,制作固体润滑剂等。另外,由于纳米粉体的量子尺寸效应和体积效应,还可以使纳米粒子的光谱特性出现"蓝移"或"红移"现象。还可以利用碳纳米管独特的孔状结构、大的比表面(每克碳纳米管的表面积高达几百平方米)、较高的机械强度做成纳米反应器,该反应器能够使化学反应局限于一个很小的范围内进行。在纳米反应器中,反应物在分子水平上有一定的取向和有序排列,但同时限制了反应物分子和反应中间体的运动。这种取向、排列和限制作用将影响和决定反应的方向和速度。

10.4.6 医学

研究纳米技术在生命医学上的应用可以在纳米尺度上了解生物大

分子的精细结构及其与功能的关系，获取生命信息。研究人员发现，生物体内的 RNA 蛋白质复合体，其线度在 $15 \sim 20nm$ 之间，并且生物体内的多种病毒也是纳米粒子。$10nm$ 以下的粒子比血液中的红血球还要小，因而可以在血管中自由流动。如果将超微粒子注入到血液中，输送到人体的各个部位，可以作为监测和诊断疾病的手段。科研人员已经成功利用纳米 SiO_2 微粒进行了细胞分离，用金的纳米粒子进行定位病变治疗，以减小副作用等。另外，利用纳米颗粒作为载体的病毒诱导物已经取得了突破性进展，现在已用于临床动物实验，估计不久的将来即可服务于人类。纳米粒子比红血细胞（$6 \sim 9nm$）小得多，可以在血液中自由运动，如果利用纳米粒子研制成机器人，注入人体血管内，就可以对人体进行全身健康检查和治疗，疏通脑血管中的血栓，清除心脏动脉脂肪沉积物等，还可吞噬病毒，杀死癌细胞。在医药方面，可在纳米材料的尺寸上直接利用原子、分子的排布制造具有特定功能的药品，纳米材料粒子将使药物在人体内的输运更加方便。

10.4.7　分子组装

纳米技术大致经历了以下几个发展阶段：在实验室探索用各种手段制备各种纳米微粒，合成块体。研究评估表征的方法，并探索纳米材料不同于常规材料的特殊性能。利用纳米材料已挖掘出来的奇特的物理、化学性能，设计纳米复合材料。目前主要是进行纳米组装体系、人工组装合成纳米结构材料的研究。虽然已经取得了许多重要成果，但纳米级微粒的尺寸大小及均匀程度的控制仍然是一大难关。如何合成具有特定尺寸，并且粒度均匀分布无团聚的纳米材料一直是科研工作者努力解决的问题。目前，纳米技术深入到了对单原子的操纵，通过利用软化学与主客体模板化学、超分子化学相结合的技术，正在成为组装与剪裁，实现分子手术的主要手段。科学家们设想能够设计出一种在纳米量级上尺寸一定的模型，使纳米颗粒能在该模型内生成并稳定存在，则可以控制纳米粒子的尺寸大小并防止团聚的发生。

1996 年，IBM 公司利用分子组装技术，研制出了世界上最小的

"纳米算盘",该算盘的算珠由球状的 C60 分子构成（见图 10－4）。美国佐治亚理工学院的研究人员利用碳纳米管制成了一种崭新的"纳米秤",能够称出一个石墨微粒的质量,并预言该秤可以用来称取病毒的质量（见图 10－5）。

图 10－4　纳米算盘

×9　1μm

图 10－5　纳米秤

10.4.8 电波吸收（隐身）材料

纳米粒子对红外线和电磁波有吸收、隐身作用。一方面由于纳米微粒尺寸远小于红外线及雷达波波长，因此纳米微粒材料对这种波的透过率比常规材料要强得多，这就大大减小了波的反射率，使得红外探测器和雷达接收到的反射信号变得很微弱，从而达到隐身的作用。另一方面，纳米微粒材料的比表面积比常规粗粉大 3～4 个数量级，对红外线和电磁波的吸收率也比常规材料大得多，这就使得红外探测器及雷达得到的反射信号强度大大降低，因此很难发现被探测目标，起到了隐身作用。如士兵穿上吸收红外线的织物，夜行军时不易被红外探测器探测到。

电波吸收技术在民用方面也有很多应用，如吸收紫外线的防太阳晒用具，吸收红外线的保暖布料，防静电产生的涂料，在仪器、计算机机房和飞机飞船驾驶室应用，可以防静电产生干扰。为提高通信质量，在高楼和雷达附近的建筑上涂上纳米吸收材料，防回音、噪声，在手机防辐射方面也有用武之地。

10.4.9 其他领域

利用先进的纳米技术，在不久的将来，可制成含有纳米电脑的可人-机对话并具有自我复制能力的纳米装置，它能在几秒钟内完成数十亿个操作动作。在军事方面，利用昆虫作平台，把分子机器人植入昆虫的神经系统中控制昆虫飞向敌方收集情报。利用纳米技术还可制成各种分子传感器和探测器。利用纳米羟基磷酸钙为原料，可制作人的牙齿、关节等仿生纳米材料。将药物储存在碳纳米管中，并通过一定的机制来激发药剂的释放，则可控药剂有希望变为现实。另外，还可利用碳纳米管来制作储氢材料，用作燃料汽车的燃料"储备箱"。利用纳米颗粒膜的巨磁阻效应研制高灵敏度的磁传感器等等，都是很具有应用前景的技术开发领域。

总之，纳米技术正成为各国科技界所关注的焦点，正如钱学森院士所预言的那样："纳米左右和纳米以下的结构将是下一阶段科技发展的特点，会是一次技术革命，从而将是 21 世纪的又一次产业革命。"

10.5 前 景 展 望

纳米科技的发展促进了人类对客观世界认知的革命。人类在宏观和微观的理论充分完善之后，在介观尺度上有许多新现象、新规律有待发现，这也是新技术发展的源头。纳米科技是多学科交叉融合性质的集中体现，我们已不能将纳米科技归为哪一门传统的学科领域，而现代科技的发展几乎都是在交叉和边缘领域取得创新性突破的，正是这样，纳米科技充满了原始创新的机会。因此对于还比较陌生的纳米世界中尚待解决的科学问题，科学家有着极大的好奇心和探索欲望，而一旦在这一领域探索过程中形成的理论和概念在我们的生产、生活中得到广泛的应用，那么，它将极大地丰富我们的认知世界，并给人类社会带来观念上的变革，整个人类社会将因纳米技术的发展和商业化而产生根本性的变革。

经过几十年对纳米技术的研究探索，现在科学家已经能够在实验室操纵单个原子，纳米技术有了飞跃式的发展。纳米技术的应用研究正在半导体芯片、癌症诊断、光学新材料和生物分子追踪等领域高速发展。可以预测不久的将来纳米金属氧化物半导体场效应管、平面显示用发光纳米粒子与纳米复合物、纳米光子晶体将应运而生。用于集成电路的单电子晶体管、记忆及逻辑元件、分子化学组装计算机将投入应用。分子、原子簇的控制和自组装、量子逻辑器件、分子电子器件、纳米机器人、集成生物化学传感器等将被研究制造出来。同时纳米科技推动产品的微型化、高性能化和与环境友好化，将极大地节约资源和能源，减少人类对它们的过分依赖，并促进生态环境的改善，这将在新的层次上为人类可持续发展提供物质和技术保证。

知 识 拓 展 〰〰〰〰〰〰〰〰〰〰〰〰〰〰〰

纳米材料的发展历史

1984 年德国萨尔兰大学的 Gleiter 以及美国阿贡试验室的 Siegel

相继成功地制得了纯物质的纳米细粉。Gleiter 在高真空的条件下将粒径为 6nm 的 Fe 粒子原位加压成型，烧结得到纳米微晶块体，从而使纳米材料进入了一个新的阶段。1990 年 7 月在美国召开的第一届国际纳米科学技术会议上，正式宣布纳米材料科学为材料科学的一个新分支。

思 考 题

10-1　纳米材料的定义是什么？

10-2　纳米材料和常规的固体材料相比，有哪些明显的特性？

10-3　请列举出纳米材料在磁、光、电等方面不同于常规固体材料的地方。

10-4　试指出我们日常生活中哪些地方应用了纳米材料。

参 考 文 献

[1] 王占国. 中国材料工程大典 信息功能、材料工程 [M]. 北京：化学工业出版社，2006.

[2] 许少鸿. 固体发光 [M]. 北京：清华大学出版社，2011.

[3] 徐国财. 纳米科技导论 [M]. 北京：高等教育出版社，2005.

[4] 王占国，陈立泉，屠海令. 信息功能材料手册 [M]. 北京：化学工业出版社，2009.

[5] 吕银祥，袁俊杰，邵则淮. 现代信息材料导论 [M]. 上海：华东理工大学出版社，2008.

[6] 焦宝祥. 功能与信息材料 [M]. 上海：华东理工大学出版社，2011.

[7] 李言荣. 电子材料 [M]. 北京：清华大学出版社，2013.

[8] 侯宏录. 光电子材料与器件 [M]. 北京：国防工业出版社，2012.

[9] 王占国. 半导体材料的过去、现在和将来 [EB/OL]. (2007 - 05 - 14) [2013 - 07 - 20]. http：//www. sgst. cn/xwdt/shsd/200705/t20070518_101810. html.

[10] 冯旭升. 半导体照明——新世纪的光辉 [EB/OL]. (2007 - 05 - 22) [2013 - 08 - 20]. http：//www. alighting. cn/news/2007522/V3271. htm.

[11] 激光原理全书——奇异的激光世界（下卷）[EB/OL]. (2008 - 11 - 25) [2013 - 08 - 30]. http：//www. holography - cn. com/NewsInfo. asp? NewsID = 3921.

[12] 特殊磁性材料的基础知识 [EB/OL]. (2008 - 03 - 27) [2013 - 09 - 02]. http：//info. 1688. com/detail/1001742995. html.

[13] 王显承. "超导"应用前景诱人 [N/OL]. 市场报，2001 - 03 - 07（2）[2013 - 09 - 02]. http：//www. people. com. cn/GB/paper53/2856/398631. html.

[14] 维基百科. 液晶 [EB/OL]. (2013 - 05 - 07) [2013 - 09 - 12]. http：//zh. wikipedia. org/wiki/% E6% B6% B2 % E6% 99% B6.

[15] 肖建中. 材料科学导论 [M]. 北京：中国电力出版社，2001：43 ~ 50.

[16] 张立德，牟季美. 纳米材料和纳米结构 [M]. 北京：科学出版社，2002：112 ~ 121.

[17] 吴天诚，杜仲良，高绪珊. 纳米纤维 [M]. 北京：化学工业出版社，2003：1 ~ 10.

[18] 中国纳米技术门户. 纳米材料的特殊性质及其应用 [EB/OL]. (2011 - 04 - 26) [2013 - 09 - 12]. http：//www. zgnmjs. com/news/10798046. html.

[19] 钟樊文. 纳米材料及其应用前景（下）[EB/OL]. (2009 - 02 - 12) [2013 - 09 - 12]. http：//xh. cnfxj. org/Html/kejishihua/2009 - 2/12/132943446_5. html.

冶金工业出版社部分图书推荐

书　名	作　者	定价(元)
微米–纳米材料微观结构表征	方克明	150.00
一维无机纳米材料	晋传贵	40.00
金属基纳米复合材料脉冲电沉积制备技术	徐瑞东	36.00
功能材料学概论	马如璋	89.00
功能陶瓷的显微结构、性能与制备技术	殷庆瑞	199.00
功能薄膜及其沉积制备技术	戴达煌	99.00
物理功能复合材料及其性能	赵浩峰	68.00
半导体锗材料与器件	屠海令　译	70.00
半导体测试技术原理与应用	刘新福	28.00
激光材料	屠海令　译	50.00
材料的激光制备与处理技术	陈岁元	25.00
激光弯曲成形及功能梯度材料成形技术	尚晓峰	25.00
高温超导体及其强电应用技术	金建勋	75.00
太阳能级硅提纯技术与装备	韩至成	69.00
高磁晶各向异性磁记录薄膜材料	李宝河	40.00
特种金属材料及其加工技术	李静媛	36.00
冶金与材料热力学（本科教材）	李文超	65.00
材料科学基础教程（本科教材）	王亚男	33.00
金属材料学（第 2 版）（本科教材）	吴承建	52.00
材料科学与工程专业英语精读(本科教材)	刘科高	39.00
纳米材料的制备及应用（本科教材）	黄开金	33.00
功能复合材料（本科教材）	尹洪峰	36.00
特种冶炼与金属功能材料（本科教材）	崔雅茹	20.00